DEUTSCHE AKADEMIE DER WISSENSCHAFTEN ZU BERLIN
FORSCHUNGSSTELLE FÜR LIMNOLOGIE

LIMNOLOGICA

HERAUSGEGEBEN VON THEODOR SCHRÄDER
UNTER MITWIRKUNG VON ALFRED RIETH

BAND 1 · HEFT 1

AKADEMIE-VERLAG · BERLIN
1962

INHALTSVERZEICHNIS

Band 1 · Heft 1

Band 1, Heft 2 wird folgende Arbeiten enthalten:

BRIGITTE KOCH-ALTHAUS: Beitrag zur Rotatorienfauna des Bodensees

WILFRIED SCHÖNBORN: Die Ökologie der Testaceen im oligotrophen See, dargestellt am Beispiel des Großen Stechlinsees

VLADIMIR SLÁDEČEK: Übersicht über die tschechoslowakische hydrobiologische Literatur des Jahres 1960

Die LIMNOLOGICA erscheinen in zwangloser Folge als Schriftenreihe der Forschungsstelle für Limnologie der Forschungsgemeinschaft der naturwissenschaftlichen, technischen und medizinischen Institute der Deutschen Akademie der Wissenschaften zu Berlin. Vorgesehen sind jährlich 2 bis 3 Hefte wechselnden Umfangs. Je etwa 30 Druckbogen (480 Seiten) werden einen Band bilden.

Die LIMNOLOGICA veröffentlichen Originalarbeiten aus allen Gebieten der wissenschaftlichen Erforschung der Binnengewässer aller Art und der benachbarten Lebensräume, mit Vorrang die Forschungsergebnisse der Mitarbeiter der Forschungsstelle für Limnologie und der in den Einrichtungen der Forschungsstelle als Gäste arbeitenden Wissenschaftler. Neben diesen Originalarbeiten sind Sammelberichte, Tagungsberichte und Literaturbesprechungen vorgesehen.

Anschrift des Herausgebers:
Dozent Dr. habil. THEODOR SCHRÄDER, Leiter der Forschungsstelle für Limnologie der Deutschen Akademie der Wissenschaften zu Berlin, Jena-Lobeda, Alte Landstraße 3

Erschienen im Akademie-Verlag GmbH, Berlin W 8, Leipziger Straße 3—4

Lizenznummer: 202 · 100/435/62
Kartengenehmigung: MdI der DDR Nr. 6885
Gesamtherstellung: VEB Druckerei „Thomas Müntzer" Bad Langensalza
Bestellnummer: 2111/1/1 · ES 18 E 4/18 G 1, 2, 3 . Preis: DM 18,50

Limnologica (Berlin)	1	1	1962	1—19

THEODOR SCHRÄDER

Die Forschungsstelle für Limnologie der Deutschen Akademie der Wissenschaften zu Berlin

Mit 9 Abbildungen

1. Vorgeschichte und Entwicklung der Forschungsstelle

Akademiemitglied Prof. Dr. MAX STEENBECK, wissenschaftlicher Leiter des Kernkraftwerkbaus und federführendes Mitglied des Forschungsrats der Deutschen Demokratischen Republik, unterrichtete in seinem Hauptvortrag auf dem X. Berg- und Hüttenmännischen Tag in Freiberg (STEENBECK 1958) erstmalig die Öffentlichkeit über die Errichtung des Kernkraftwerks I der DDR. Der Reaktor des im Bau befindlichen Atomkraftwerks ist ein druckwassermoderierter und -gekühlter Reaktor, bei dem der Brennstoff, schwach angereichertes Uran in Form von kompaktem Material, von Wasser umspült wird. Dieses heiße Druckwasser wird in flüssiger Phase im ersten Kreislauf einem Dampferzeuger zugeführt, wo sein Wärmeinhalt zur Erzeugung des Dampfes im zweiten Kreislauf für den Betrieb der Turbine ausgenutzt wird. Der dritte Kreislauf, der die Kondensationswärme des Turbinendampfs in die Umgebung abführen soll, ist offen. Die Hintereinanderschaltung des Wärmeflusses in verschiedenen Kreisläufen verhindert, daß schädliche Radioaktivität aus dem Innern des Reaktors in die Turbine und weiter in den offenen Kühlwasserkreislauf gelangen kann.

Das Kernkraftwerk I wird am Großen Stechlinsee, zwischen Rheinsberg und Fürstenberg (Havel) im nördlichsten Brandenburg, errichtet. Es soll in jeder von zwei Ausbaustufen 70 MW elektrische Leistung bzw. 265 MW thermische Leistung aufweisen. Das Kühlwasser soll dem Nordzipfel des Nehmitzsees entnommen und erwärmt in den Westzipfel des Großen Stechlin abgeleitet werden; aus dem Südwestzipfel des Stechlinsees fließt eine entsprechende Wassermenge durch den kanalartig ausgebauten Abflußgraben wieder in den Nehmitzsee zurück (vgl. die Kartenskizze, Abb. 1).

Um Verschleppung von Radioaktivität durch Kühlwasser in bewohnte Gegenden im Falle eines unvorhergesehenen Verhaltens der Anlage auszuschließen, sollte das Kernkraftwerk nicht an einem Fluß errichtet werden, sondern in einem Seengebiet ohne wesentlichen Abfluß. Diese Voraussetzungen bietet der gewählte Standort. Das Gewässersystem Stechlinsee-Nehmitzsee wird erst in mehreren Kilometern Entfernung im Westen, Norden und Osten von Seenketten umgeben, die durch Flußläufe (Rhin bzw. Havel) und Kanäle miteinander verbunden sind.

Der Große Stechlinsee erhält einen unbedeutenden Zufluß aus dem benachbarten kleinen Dagowsee bei Neuglobsow; der derzeitige Abfluß aus dem Seensystem beträgt etwa 90 l/sec und erfolgt aus dem Nehmitzsee nach SO zum Roofensee bzw. nach S zum Zeutensee. Es ist anzunehmen, daß nach der Zuführung der Abwärme des Kraftwerks die Verdunstung von der Oberfläche des Seensystems so zunehmen wird, daß nicht nur dieser Abfluß versiegt, sondern daß gegebenenfalls sogar Wasser aus dem Havelsystem zum Nordzipfel des Stechlinsees herübergepumpt werden muß, um den jetzigen Wasserstand aufrecht zu erhalten.

Akademiemitglied Prof. Dr. STEENBECK erkannte auch als Physiker, daß die bevorstehende erhebliche Veränderung der Thermik des Stechlinsees und seiner Umgebung nicht ohne Folgen für die Pflanzen- und Tierwelt in und an den Gewässern bleiben kann. Als Ergebnis einer Unterredung, die am 25. August 1958 in Jena stattfand, erhielt der Verfasser den Auftrag, ein komplexes biologisches „Forschungsprogramm Stechlinsee“ vorzuschlagen. Dieses Forschungsprogramm sollte alle die Forschungsthemen enthalten, deren Bearbeitung durch geeignete Stellen bei der gegebenen Situation für notwendig gehalten wurde, um das am Stechlinsee bevorstehende Großexperiment auch für die Grundlagenforschung nutzbar zu machen. Nach Rücksprache mit hervorragenden Vertretern verschiedener biologischer Disziplinen legte der Verfasser dieses Forschungsprogramm in einem an den Forschungsrat der DDR gerichteten Schriftstück vom 23. September 1958 vor.

Im Rahmen eines Vortrages vor der Sektion für Biologie der Deutschen Akademie der Wissenschaften zu Berlin am 24. Oktober 1958 (SCHRÄDER 1959) hatte der Verfasser dann Gelegenheit, auch dieses „Forschungsprogramm Stechlinsee“ zur Diskussion zu stellen. Hierbei wurde offenbar, daß wesentliche Teile dieses Programms nur durchgeführt werden könnten, wenn eine in der DDR bisher noch fehlende limnologische Forschungsstätte geschaffen würde, die als erste Schwerpunktaufgabe diese Aufgaben zu übernehmen hätte. Daher wurde auf der Sektionssitzung eine unter dem Vorsitz von Akademiemitglied Prof. Dr. KURT MOTHES stehende Kommission der Klasse für Chemie, Geologie und Biologie der Akademie benannt, die die Schaffung einer solchen Forschungsstätte als Einrichtung der Akademie prüfen sollte.

Nach einer ersten grundsätzlichen Aussprache zwischen Prof. MOTHES und dem Verfasser am 28. Oktober 1958 in Halle (Saale) über Aufgaben, Umfang und Gliederung eines Instituts für Limnologie der Deutschen Akademie der Wissenschaften trat am 6. November 1958 die Kommission der Klasse zu einer Beratung in Berlin zusammen. Auf dieser Sitzung äußerten sich auch der Direktor des Instituts für Fischerei der Deutschen Akademie der Landwirtschaftswissenschaften, Prof. Dr. Dr. h. c. H. H. WUNDSCH, und der Vertreter des Amtes für Wasserwirtschaft der DDR zustimmend zur diskutierten Neugründung. Nachdem diese Gutachten auch schriftlich vorlagen, formulierte Prof. MOTHES unter dem 1. Dezember 1958 namens der Kommission den Antrag auf Schaffung eines Instituts für Limnologie zunächst in Gestalt einer Forschungsstelle im Rahmen der Forschungsgemeinschaft der Akademie. Auf Grund dieses Antrags der Klasse für

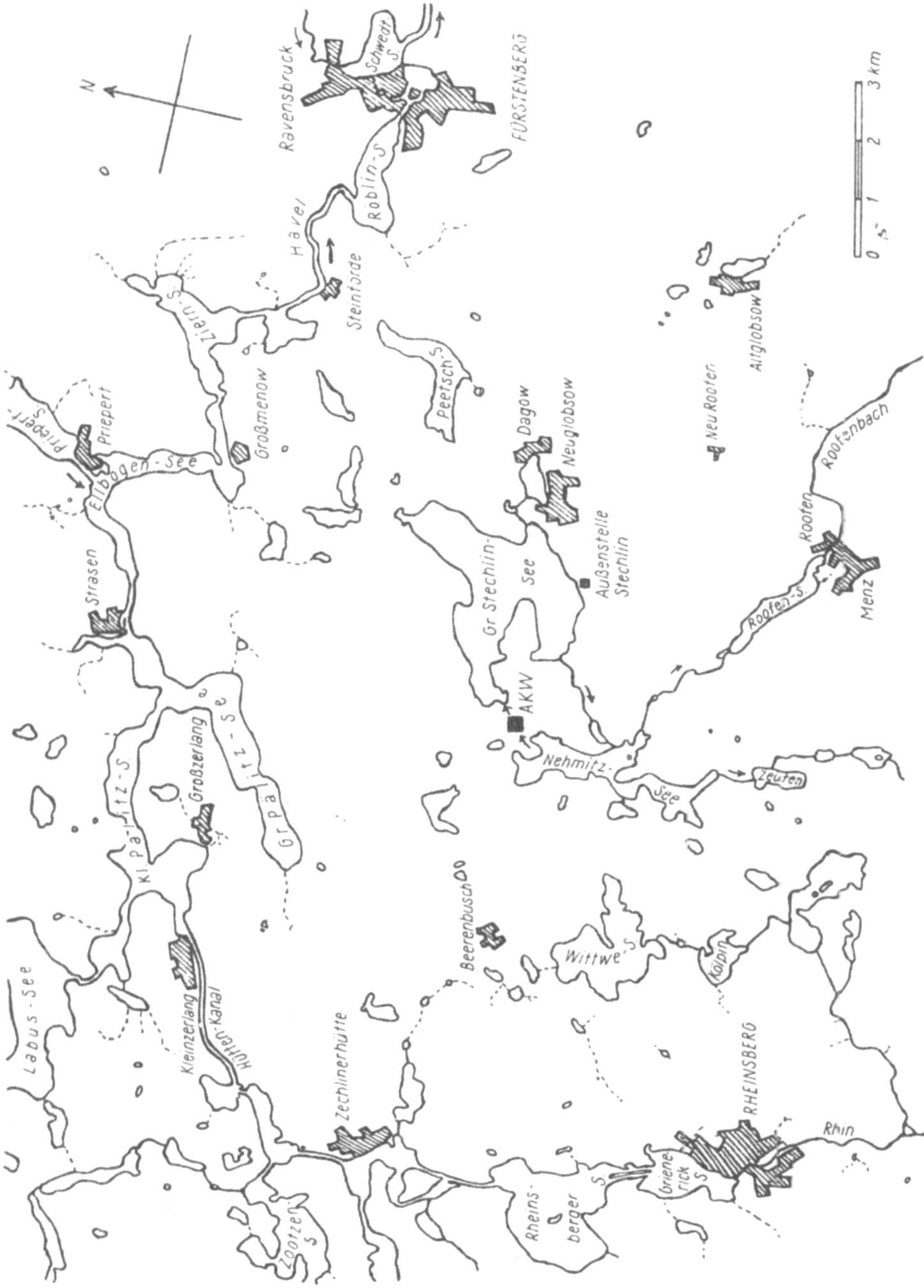

Abb. 1. Kartenskizze des Seengebiets zwischen Rheinsberg und Fürstenberg (Havel). AKW = Standort des Kernkraftwerks I der DDR.

Chemie, Geologie und Biologie der Akademie beschloß der Vorstand der Forschungsgemeinschaft die Errichtung der Forschungsstelle für Limnologie mit dem Sitz in Jena und einer Außenstelle am Stechlinsee mit Wirkung vom 1. Februar 1959. Der Verfasser, damals im Hauptamt Dozent für Zoologie an der Mathematisch-Naturwissenschaftlichen Fakultät der Universität Jena, wurde zunächst nebenberuflich mit der Leitung der neuen Forschungsstelle beauftragt. Das Kuratorium der Forschungsgemeinschaft der Akademie bestätigte die Neugründung und die Berufung des Leiters durch Beschluß vom 12. März 1959 (vgl. Anlage 1).

Der Vorstand der Forschungsgemeinschaft erließ unter dem 21. Oktober 1959 die Ordnung der Forschungsstelle (vgl. Anlage 2), in der Aufgaben und Struktur der Forschungsstelle festgelegt sind. In seiner Sitzung vom 16. Dezember 1959 beriet der Vorstand der Forschungsgemeinschaft über die Besetzung des in der Ordnung vorgesehenen Kuratoriums. Nach der Zustimmung der für das Kuratorium vorgeschlagenen Herren zu ihrer Berufung benannte der Vorstand der Forschungsgemeinschaft in seiner Sitzung vom 20. April 1960 Akademiemitglied Prof. Dr. MANFRED GERSCH als Vorsitzenden des Kuratoriums, dessen erste Sitzung am 23. Juni 1960 in Berlin stattfand.

Entsprechend dem Anlaß, der zu ihrer Begründung geführt hatte, liegt die Schwerpunktaufgabe der Forschungsstelle für Limnologie in den ersten Jahren in der Bestandsaufnahme im Stechlinsee, den benachbarten Gewässern und der näheren Umgebung der Gewässer vor der Inbetriebnahme des Kraftwerks. Auf diese Weise sollen später die vornehmlich durch die Änderung der thermischen Verhältnisse eintretenden Veränderungen erfaßt werden können. Da die Arbeiten der Bestandsaufnahme termingebunden sind, kam es darauf an, möglichst bald einsatzfähige Arbeitsgruppen zu bilden, die zunächst meist als Gäste in geeigneten anderen Instituten untergebracht werden mußten, jedoch in regelmäßigem Turnus von der einzurichtenden Außenstelle am Stechlinsee aus die Arbeiten im Gelände durchführen konnten.

Als erste der in Ordnung vorgesehenen Gruppen entstand im Februar 1959 die Arbeitsgruppe Zoologie mit 3 Wissenschaftlern. Der Direktor des Zoologischen Instituts der Universität Jena, Prof. Dr. M. GERSCH, gestattete die gastweise Unterbringung in seinem Institut, bis die Gruppe Ende April 1959 in das inzwischen der Forschungsstelle zugewiesene Gebäude in Jena-Lobeda umziehen konnte. Die Arbeitsgruppe Botanik entwickelte sich unter Leitung von Prof. Dr. ALFRED RIETH in Gatersleben, wo sie dank dem Entgegenkommen des Institutsdirektors Akademiemitglied Prof. Dr. Dr. h. c. HANS STUBBE bis auf weiteres gastweise im Institut für Kulturpflanzenforschung der Akademie untergebracht ist. Herr Prof. Dr. W. SCHWARTZ, Direktor des Instituts für Mikrobiologie der Universität Greifswald. nahm Ende 1959 den ersten Mikrobiologen der Forschungsstelle als Gast in sein Institut auf.

Am Ende des Gründungsjahres 1959 arbeiteten neben dem zunächst nebenberuflich tätigen Leiter und seinem Stellvertreter bereits 6 Wissenschaftler in 3 Arbeitsgruppen; ihre Anzahl stieg bis zum Ende des Jahres 1960 auf 9 Wissenschaftler in 4 Arbeitsgruppen. Diese Entwicklung und der Umfang der wissenschaftlichen und organisatorischen Aufgaben erforderten es, daß der Verfasser die Leitung der Forschungsstelle ab 1. Januar 1961 im Hauptamt übernahm.

In der folgenden Übersicht sind Struktur, wissenschaftliches und technisches Personal der Forschungsstelle nach dem derzeit erreichten Stand aufgezeigt; das zusätzliche Betriebspersonal gehört organisatorisch zur „Zentralen Verwaltung und Versorgung naturwissenschaftlicher Institute (ZVV)" Jena der Akademie.

Forschungsstelle für Limnologie

(Stand vom 1. April 1962)

Kuratorium:
- Akademiemitglied Prof. Dr. MANFRED GERSCH, Vorsitzender,
- Prof. Dr. HERMANN MEUSEL,
- Akademiemitglied Prof. Dr. ALFRED RIECHE,
- Akademiemitglied Prof. Dr. Dr. h. c. HANS STUBBE,
- Prof. Dr. WILHELM SCHÄPERCLAUS,
- Akademiemitglied Prof. Dr. ADOLF WATZNAUER.

Leiter:
- Dozent Dr. habil. THEODOR SCHRÄDER.

Stellvertretender Leiter:
- Prof. Dr. ALFRED RIETH.

Sekretariat:
- GISELA THUNIG, Sekretärin.

Arbeitsgruppe Physiographie (Jena-Lobeda):
- LUDWIG KREY, wiss. Assistent.

Arbeitsgruppe Bakteriologie (Greifswald):
- HANS-DIETRICH BABENZIEN, wiss. Assistent,
- CHRISTA KNOP, wiss.-techn. Assistentin.

Arbeitsgruppe Botanik
- *Leiter*: Prof. Dr. ALFRED RIETH.
- *Arbeitsbereich Algologie* (Gatersleben):
  - Dr. JOST CASPER, wiss. Oberassistent,
  - GISELA BUSSE, wiss. Assistentin.
- *Arbeitsbereich Vegetationskunde* (Potsdam):
  - Dr. HEINZ-DIETER KRAUSCH, wiss. Arbeitsleiter.

Arbeitsgruppe Zoologie (Jena-Lobeda):
- *Leiter*: Dozent Dr. habil. THEODOR SCHRÄDER.
  - Dr. GEORG MOTHES, wiss. Arbeitsleiter,
  - Dr. BRIGITTE KOCH-ALTHAUS, wiss. Oberassistentin,
  - Dr. WILFRIED SCHÖNBORN, wiss. Oberassistent,
  - DIETRICH FLÖSSNER, wiss. Oberassistent,
  - INGRID GLASER, wiss.-techn. Assistentin,
  - HELGA KLITZ, wiss.-techn. Assistentin.

Arbeitsgruppe Dokumentation (Jena-Lobeda):
- HELGA MIESL, Bibliothekarin.

Außenstelle Stechlinsee (Neuglobsow, Kreis Gransee):
- *Örtlicher Leiter*: Dr. GEORG MOTHES, wiss. Arbeitsleiter,
- ILSE KRAUSE, wiss.-techn. Assistentin.

Abb. 2. Gebäude der Forschungsstelle für Limnologie in Jena-Lobeda. Straßenfront.

Abb. 3. Forschungsstelle für Limnologie Jena-Lobeda. Arbeitsraum Dokumentation.

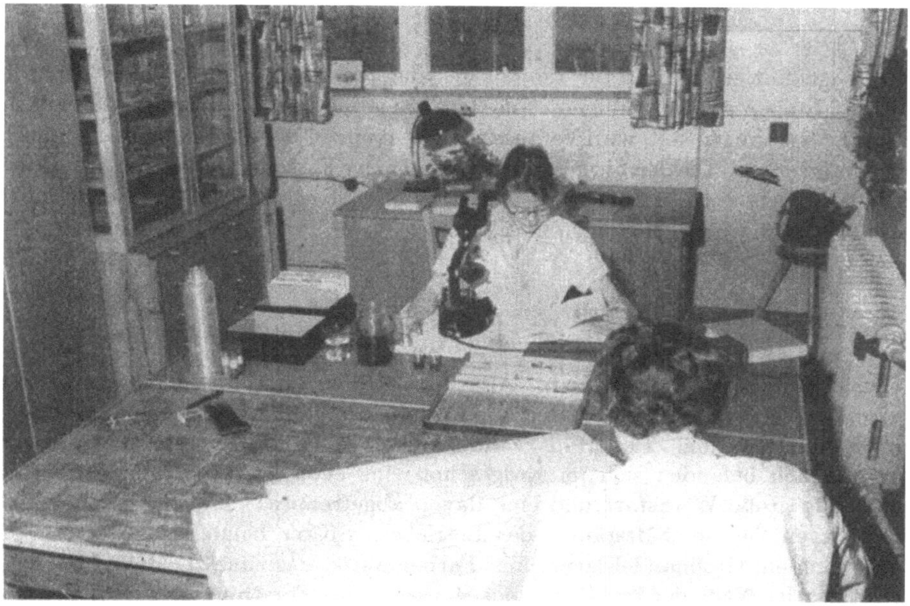

Abb. 4. Forschungsstelle für Limnologie Jena-Lobeda. Labor 1.

Abb. 5. Forschungsstelle für Limnologie Jena-Lobeda. Labor 2.

2. Die Einrichtungen der Forschungsstelle

Das endgültige Institut für Limnologie, das die jetzigen räumlich getrennten Arbeitsgruppen als Abteilungen in modern eingerichteten Laboratorien an einem Standort vereinigen soll, wird voraussichtlich in einem Seengebiet in Mecklenburg errichtet werden. Die derzeitigen Einrichtungen der Forschungsstelle, das Gebäude in Jena-Lobeda und die Außenstelle am Stechlinsee, tragen daher in vieler Hinsicht vorläufigen und behelfsmäßigen Charakter.

a) Das Gebäude in Jena-Lobeda

Das Gebäude in Jena-Lobeda, Alte Landstraße 3 (Abb. 2), beherbergt die Leitung der Forschungsstelle und die Arbeitsgruppen Physiographie, Zoologie und Dokumentation. Das Haus wurde im Jahre 1950 als Schlosserei erbaut. Ursprünglich befanden sich im Erdgeschoß eine etwa $^3/_4$ der Grundfläche einnehmende große Werkstatt und eine davon abgetrennte Schmiede; im Dachgeschoß lagen die Geschäftsräume des Betriebes. Später befand sich dort einige Jahre lang ein Großhandelslager einer Farbenfabrik, das zum 31. März 1959 aufgelöst wurde. Nach der Zuweisung des Hauses an die Forschungsstelle für Limnologie wurden im Sommer 1959 im Erdgeschoß und im Kellergeschoß einige bauliche Veränderungen vorgenommen. Ein großes zweiflügeliges Tor in der Straßenfront wurde durch ein Fenster ersetzt, anstelle eines Fensters die jetzige Eingangstür und anstelle der Tür zur ehemaligen Schmiede ein Fenster angebracht. Im Innern des Erdgeschosses wurden eine Querwand und eine Längswand gezogen. So ergaben sich neben der zu den Treppen führenden Diele im Erdgeschoß 3 Laboratorien von je etwa 6 × 3 m Grundfläche. Jedes Laboratorium hat zwei große Fenster in einer Längswand und ein drittes gleichgroßes Fenster in einer der kurzen Wände. Im Kellergeschoß, das an der Rückseite des Gebäudes in seiner ganzen Höhe freiliegt, wurden ebenfalls zwei Querwände gezogen. So ergaben sich ein Heizungskeller, ein Geräteraum und eine Garage. Bauliche Änderungen im Dachgeschoß waren nicht erforderlich.

In den Laboratorien wurden Strom-, Wasser- und Gasanschlüsse installiert; allerdings fehlt z. Z. noch der Anschluß an das Stadtgas. Laboratorium 3, die ehemalige Schmiede, erhielt Fliesentische und einen Abzug. Schließlich wurde eine Zentralheizung eingebaut.

Im Obergeschoß des Hauses befinden sich 4 Räume: Das etwa 5 × 3,5 m große Zimmer des Leiters, das gleichzeitig einen Teil der Bibliothek beherbergt, das Sekretariat, eine Dunkelkammer und das etwa 4 × 4 m große Arbeitszimmer für Dokumentation mit der Zeitschriftenauslage und der im Aufbau befindlichen Kartei (Abb. 3). Die Bibliothek umfaßt heute bereits über 1000 Bücher, über 500 Zeitschriftenbände und rund 7000 Separata; hiervon befindet sich ein Teil bei den auswärtigen Arbeitsgruppen und in der Außenstelle Stechlinsee. Die Anzahl der laufend eingehenden Periodica beträgt schon rund 100.

Die Laboratorien 1 und 2 im Erdgeschoß (Abb. 4 und 5) haben Arbeitsplätze für je zwei Wissenschaftler; jedem steht ein Arbeitstisch und ein Schreibtisch sowie entsprechender Schrankraum zur Verfügung. Laboratorium 3, das Chemische Labor, steht allen Mitarbeitern zur Benutzung frei.

Die Ausrüstung der Arbeitsplätze mit Mikroskopen und anderen Arbeitsgeräten ist für die Aufgabenstellung in den Anlaufjahren ausreichend, erlaubt aber noch kein experimentell-physiologisches Arbeiten.

b) Die Außenstelle Stechlinsee

Als Basis für die geplanten umfangreichen Forschungsarbeiten im Raume des Stechlinsees mußte eine Außenstelle eingerichtet werden, die den dorthin in regelmäßigem Turnus entsandten Mitarbeitern ausreichende Arbeits- und Unter-

Abb. 6. Außenstelle Stechlinsee der Forschungsstelle für Limnologie. Straßenfront. Rechts das Laborgebäude, links die „Alte Gaststätte" mit Unterkünften und Gemeinschaftsraum.

kunftsmöglichkeiten bietet. Durch Übergabe/Übernahme-Protokoll vom 12. März 1959 übernahm die Forschungsstelle für Limnologie von der Aufbauleitung des Kernkraftwerks I einige am Südufer des Stechlinsees gelegene Gebäude (Abb. 6), die bis dahin Büros der Aufbauleitung beherbergt hatten. Es handelte sich um das frühere Wohnhaus des umgesiedelten Fischers samt dem ehemaligen Waschhaus und die unmittelbar benachbarte ehemalige Gaststätte mit Teilen einer dahinter gelegenen Scheune. Besonders günstig war es, daß auf dem Grundstück Anschluß an das Stromnetz und eine Ferngasleitung sowie eine eigene Wasserpumpe vorhanden waren. Größere bauliche Veränderungen waren nicht vorgesehen, jedoch mußten alle Räume hergerichtet und insbesondere in den Laboratorien die notwendigen Installationen durchgeführt werden. Mit Ausnahme des für chemische und mikrobiologische Arbeiten vorgesehenen Laboratoriums, das erst im Sommer 1960 installiert werden konnte, wurden die Laboratorien und Unterkunftsräume ab August 1959 benutzbar.

Die vier Laboratorien liegen im Erdgeschoß des ehemaligen Wohnhauses, eines soliden Backsteinbaus. Laboratorium 1 mit etwa 4 × 4 m Grundfläche wird von den Algologen benutzt. Der größte Raum mit etwa 5 × 5 m Bodenfläche ist das Laboratorium 2 (Abb. 7), das der Arbeitsgruppe Zoologie zur Verfügung steht. Laboratorium 3 (Abb. 8) mit etwa 4 × 4,5 m Bodenfläche muß z. Z. sowohl für mikrobiologische wie für chemische Arbeiten benutzt werden, was natürlich gewisse Erschwernisse und Störungen mit sich bringt. Laboratorium 4 (Abb. 9) ist der kleinste Raum; es steht als Gastlabor für radiobiologische Arbeiten dem Wissenschaftlich-technischen Büro für Reaktorbau zur Verfügung und ist von dieser Dienststelle apparativ entsprechend eingerichtet worden. Der hier als ständiger Gast arbeitende Wissenschaftler und seine wissenschaftlich-technische Assistentin können auch die übrigen Einrichtungen der Forschungsstelle mitbenutzen, insbesondere das Chemische Laboratorium.

Das ehemalige Wohnhaus ist nur zu einem kleinen Teil unterkellert. Dieser Platz ist zur Aufstellung einiger Geräte (Brutschrank, Kühlschrank, Zentrifuge usw.) ausgenutzt und dient im übrigen als behelfsmäßiger Kultur- und Zuchtraum.

Das frühere Waschhaus wurde als Arbeits- und Unterkunftsraum des Arbeitsbereichs Vegetationskunde eingerichtet.

Das Obergeschoß des ehemaligen Wohnhauses und die frühere Gaststätte enthalten die Unterkunftsräume für die Mitarbeiter und Gäste. In 8 Räumen, von denen 5 heizbar und also auch im Winter benutzbar sind, sind insgesamt 13 Betten vorhanden. In der alten Gaststätte befinden sich ferner der Gemeinschaftsraum mit 12 Tischplätzen und eine Küche.

In einem Teil einer früheren Scheune wurde eine kleine Werkstatt eingerichtet; ferner befinden sich dort Lagerräume und Plätze zur Aufbewahrung der Untersuchungsgeräte und zur Unterbringung von Wasserfahrzeugen. Neben zwei stabilen Ruderbooten mit Außenbordmotor sind zwei Schlauchboote vorhanden.

3. Forschungstätigkeit

In den ersten beiden Jahren des Bestehens der Forschungsstelle für Limnologie lag der Schwerpunkt ihrer Forschungstätigkeit auf der Bestandsaufnahme der Organismen im Gebiete des Stechlinsees vor der zu erwartenden Veränderung insbesondere der thermischen Verhältnisse nach Inbetriebnahme des Atomkraftwerks. Für diese Arbeiten ist der Umstand besonders günstig, daß der Stechlinsee zweifellos einer der limnologisch interessantesten Seen in Norddeutschland ist. Er gehört zu den wenigen ausgesprochen oligotrophen Seen des Gebiets; in weiten Kreisen insbesondere auch der Sporttaucher ist er wegen seines ungewöhnlich klaren Wassers und seiner großen Sichttiefe berühmt. Den Pflanzensoziologen

Abb. 7. Außenstelle Stechlinsee. Labor 2 (Zoologie).

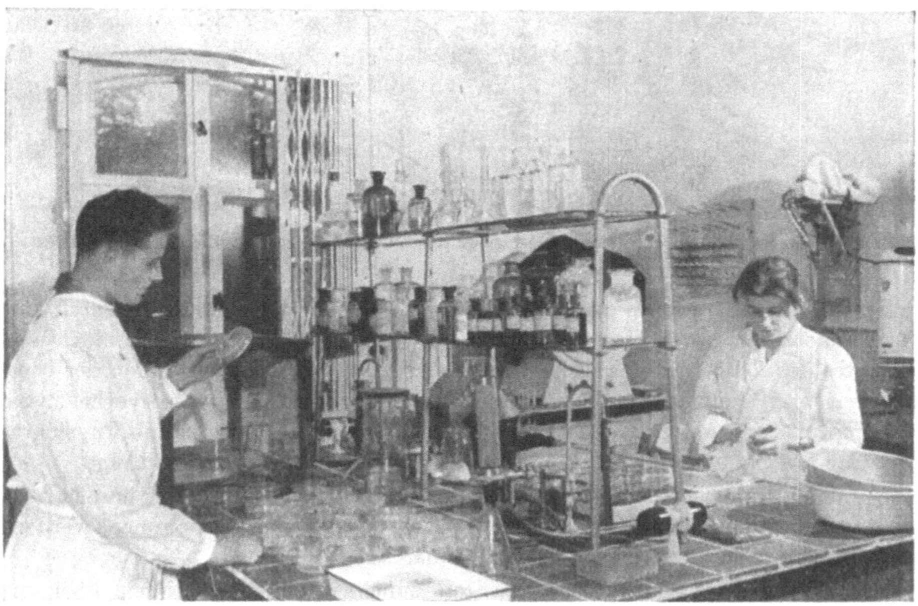

Abb. 8. Außenstelle Stechlinsee. Labor 3 (Mikrobiologie und Chemie).

ist der Stechlin wegen seiner reichen Characeen-Flora bekannt. Fischereilich gehört er zum Typus der Maränenseen. Der Nehmitzsee ist mesotroph, der kleine Dagowsee typisch eutroph. Die zwischen dem System Stechlinsee-Nehmitzsee und den Seenketten im Zuge von Rhin und Havel isoliert im Walde gelegenen Seen unterschiedlicher Größe zeigen z. T. mehr oder weniger ausgesprochene Dystrophie. Somit sind also in geringer Entfernung vom Standort der Außenstelle Seen unterschiedlichsten Trophiegrads als interessante Forschungsobjekte vorhanden. Daher war es zu erwarten, daß schon die Bestandsaufnahme der Organismen in lohnende Probleme der Grundlagenforschung vorstoßen würde.

Abb. 9. Außenstelle Stechlinsee. Gastlabor des WTBR für radiobiologische Arbeiten.

Schon seit 1958 werden im Gebiete des Stechlin- und Nehmitzsees durch eine Hydro-Meteorologische Hauptstation des Hydrologischen und Meteorologischen Dienstes der DDR systematische Untersuchungen und Beobachtungen der thermischen und chemischen Verhältnisse der Seen, der Grundwasserverhältnisse, der Verdunstung usw. durchgeführt. Ein Einsatz der Arbeitsgruppe Physiographie der Forschungsstelle für Limnologie kommt daher z. Z. nicht infrage.

Die mikrobiologischen Arbeiten konnten erst nach Schaffung der immer noch relativ behelfsmäßigen Einrichtungen im Herbst 1960 aufgenommen werden; sie waren zunächst vorwiegend orientierender Art.

Die algologischen Arbeiten erbrachten zunächst einen Überblick über die artenmäßige Zusammensetzung des Phytoplanktons in Stechlin- und Nehmitzsee im Wechsel der Jahreszeiten, ergänzt durch stichprobenartige Untersuchungen in benachbarten Seen. Eine gründliche Untersuchung der Blaualgen des Gebiets wurde begonnen, da zu vermuten ist, daß besonders Vertreter dieser Gruppe auf die erwarteten Änderungen des Milieus ansprechen werden. Eine Reihe problematischer Formen wurde in Kultur genommen. Im Laboratorium in Gatersleben wurden die Arbeiten zur Systematik und Entwicklungsgeschichte der Vaucheriaceen weitergeführt. Kulturen von Material, das auf verschiedenen Reisen (Plön, Helgoland und Borok, UdSSR) gesammelt worden war, gestatteten, das Problem der Monözie oder Diözie und der Formenkreise von *Vaucheria dichotoma* weiterzuverfolgen und erstmalig eine künstliche Kreuzung zweier Formen durchzuführen.

Die pflanzensoziologische Aufnahme der Vegetationseinheiten des Stechlinsees wurde im wesentlichen bereits abgeschlossen. Vor allem für die Characeen ergaben sich interessante Ergebnisse hinsichtlich der Zusammensetzung der einzelnen Assoziationen und deren räumlichen Verteilung. Untersuchungen der grundwasserfernen Standorte in der Umgebung des Sees dienten der Klärung landschaftsökologischer Zusammenhänge und der Rekonstruktion des natürlichen Mosaiks der Pflanzengesellschaften. Ausgedehnte pflanzensoziologisch-ökologische Forschungen in den Mooren und Gewässern der Umgebung des Stechlinsees wurden in Angriff genommen.

Die Erforschung der Rotatorienfauna des Stechlinsees erstreckte sich sowohl auf das Plankton wie auf das Benthos im Litoral und insbesondere im Psammal. Hierbei wurden bisher insgesamt rund 160 Arten festgestellt, darunter 5 neue Arten, 3 vermutlich neue Arten und eine neue Unterart.

Besonders lohnend erwiesen sich die Untersuchungen zur Ökologie der Testaceen im Stechlinsee und den benachbarten Seen unterschiedlichen Trophiegrades. Bei diesen Arbeiten wird gleichzeitig eine möglichst eindeutige Erfassung der morphologischen und systematischen Probleme dieser Tiergruppe angestrebt. Die Testaceen weisen im oligotrophen Stechlinsee ein Maximum an Arten und Individuendichte auf; in den benachbarten Seen von höherem Trophiegrad nehmen Artenanzahl und Dichte graduell ab. Vertikalverteilung und jahreszeitliche Vertikalwanderungen bestimmter Formen wurden analysiert. Die Untersuchungen im Gebiete des Stechlin legen den Schluß nahe, daß die Testaceen ursprüngliche Bewohner der oligotrophen Seen sind und lediglich aus den Gewässern höherer Trophiestufen in die Moorbiotope auswichen.

Bei der Erforschung der Cladocerenfauna im Stechlinseegebiet standen Fragen der räumlichen und zeitlichen Verteilung vor allem der litoralen Formen im Vordergrund sowie Untersuchungen über die Fortpflanzungsverhältnisse und die Variationsbreite polymorpher Arten. Vergleichende Untersuchungen in benachbarten Seen mit unterschiedlichem Stoffhaushalt wurden begonnen.

Die Erforschung der Tendipediden und Hydracarinen des Stechlinseegebiets wurde in Angriff genommen.

In den terrestrischen Randgürteln der Gewässer wurde mit der Untersuchung von Konzentrationsstellen (Biochorien) begonnen. Abgeschlossen wurden bereits Untersuchungen über die Schichtung im Hypolithion sowie über die Struktur und den zoozönotischen Konnex in Baumstümpfen. Es ergaben sich Parallelerscheinungen, so daß der Schluß berechtigt erscheint, daß für alle Konzentrationsstellen innerhalb größerer regulationsfähiger Zönosekomplexe die gleichen Gesetzmäßigkeiten gelten.

Im Rahmen der randökologischen Arbeiten konnte auch eine Aufnahme der Vogelgemeinschaften des Gebiets durchgeführt werden, wobei vor allem auf die Zugerscheinungen der Wasservögel auf oligotrophen tiefen Waldseen geachtet wurde sowie auf das Vorkommen von Arten mit Arealgrenze im Untersuchungsgebiet.

4. Veröffentlichungen 1959—1961

FLÖSSNER, DIETRICH: *Dendrocoelum hercynicum* nov. spec., eine neue Triklade (Turbellaria) aus dem Grundwasser Sachsens. Zool. Anz. **163**, 302—306 (1959).

— Die Türkentaube (*Streptopelia decaocto*) in Venlo (Maas.) Ornith. Mitt. **12**, 212 (1960).

— Strudelwürmer in Bergbächen des Erzgebirges. Sächs. Heimatbl. **5**, 619—627 (1960).

— Zur Kenntnis der Vogelwelt um Olbernhau. Sächs. Heimatbl. **7**, 294—299, 377—380, 430—437 (1961).

— und WILFRIED SCHÖNBORN: Grüner Laubsänger (*Phylloscopus trochiloides*) in Brandenburg. Ornith. Mitt. **11**, 212 (1959).

KOCH-ALTHAUS, BRIGITTE: *Cephalodella theodora* n. sp., ein neues Rotator aus dem Stechlinsee. Zool. Anz. **166**, 219—221 (1961).

RIETH, ALFRED: Periodizität beim Ausschlüpfen der Schwärmsporen von *Vaucheria sessilis* De Candolle. Flora **147**, 36—42 (1959).

— Über einen bisher nicht beobachteten Mechanismus zur Sporenausstreuung bei einer Splachnacee. Acta Bot. Sinica **8**, 58—67 (1959).

— *Vaucheria lii* nov. spec. Z. Bot. **47**, 219—225 (1959).

— Ein vereinfachter funktionssicherer Bodengreifer. Mikrokosmos **49**, 252—256 (1960).

— Der Pflanzengreifer, eine zum Sammeln der Unterwasservegetation geeignete Abwandlung des Schlammschöpfers. Mikrokosmos **50**, 61—63 (1961).

— Jochalgen (Konjugaten). Zieralgen und fädige Formen. Franckh, Stuttgart 1961. 87 S.

— Eine diözische Rasse und experimentelle Kreuzung bei *Vaucheria dichotoma* (L.) Agh. Flora **150**, 501—502 (1961).

— Ein marines Porphyridium von der Mittelmeerküste bei Neapel und die Berechtigung der Art *Porphyridium marinum* Kylin. Biol. Zbl. **80**, 429—438 (1961).

— und HERTA SAGROMSKY: Untersuchungen an Vaucherien halophiler Standorte des Neapler Gebietes. Pubbl. Staz. Zool. Napoli **31**, 90—97 (1960).

SCHÖNBORN, WILFRIED: Untersuchungen über die Schichtung im Hypolithion. Biol. Zbl. **80**, 179—198 (1961).

— Zoozönotische Struktur- und Konnexitätsanalyse in Kieferstümpfen. Biol. Zbl. **80**, 645—663 (1961).

SCHRÄDER, THEODOR: Die Aufgaben der Biologie in der Wassergütewirtschaft. Mber. dtsch. Akad. Wiss. Berlin **1**, 188—194 (1959).

— Zur Limnologie und Abwasserbiologie von Talsperren. Obere Saale, Thüringen. Internat. Revue ges. Hydrobiol. **44**, 485—619 (1959).

5. Kolloquien, Tagungen, Vorträge 1959—1961

Trotz der räumlichen Trennung der Arbeitsgruppen der Forschungsstelle besteht eine gute Zusammenarbeit, da sich die einzelnen Mitarbeiter regelmäßig bei ihren Arbeitseinsätzen an der Außenstelle begegnen. Allerdings ist es bei der jetzigen Struktur nicht möglich, regelmäßige Kolloquien durchzuführen. Auf allgemeinen Dienstversammlungen am Sitz der Forschungsstelle, die bisher etwa zweimal jährlich stattfanden, standen in den Anlaufjahren organisatorische und technische Fragen im Vordergrund. Die zweite Dienstversammlung wurde mit einem Besuch von Prof. FRITZ GESSNER, München, in der Außenstelle und in Jena verbunden, der am 11. März 1960 in einem gemeinsam mit dem Zoologischen Institut der Universität Jena veranstalteten erweiterten Biologischen Kolloquium über Limnologische Untersuchungen im Amazonas-Gebiet sprach. Im Rahmen der vierten Dienstversammlung vom 30. Januar bis 1. Februar 1961, die zeitlich mit dem zweijährigen Bestehen der Forschungsstelle zusammenfiel, fand das erste wissenschaftliche Kolloquium der Forschungsstelle statt, auf dem jeder Mitarbeiter über die bisherigen Ergebnisse seiner Arbeit und über seine Forschungspläne im kommenden Jahre berichtete.

Außerhalb der Forschungsstelle hielten die Mitarbeiter der Forschungsstelle folgende Vorträge:

FLÖSSNER, DIETRICH: Zur Ökologie der Bach-Trikladen im Erzgebirge. 5. Tagung der deutschen Mitglieder der Internationalen Vereinigung für Limnologie, Hamburg (13. Oktober 1960).

— Bergbachtrikladen im Erzgebirge. Erweitertes Kolloquium des Zoologischen Instituts der Universität Halle (12. November 1960).

MOTHES, GEORG: Bodenfaunistische Probleme des Stechlinsees. Institutskolloquium der Hydrobiologischen Anstalt der Max-Planck-Gesellschaft, Plön (Holstein) (7. April 1961).

RIETH, ALFRED: Probleme der modernen Algen-Systematik. Institutskolloquium der Hydrobiologischen Anstalt der Max-Planck-Gesellschaft, Plön (Holstein) (6. Juli 1959).

— Einige botanische Aspekte in der Limnologie. Kolloquium des Instituts für Stauseebiologie der Akademie der Wissenschaften der UdSSR, Borok (26. Juli 1960).

SCHÖNBORN, WILFRIED: Untersuchungen über die Schichtung im Hypolithion. 1. Jahreshauptversammlung der Biologischen Gesellschaft in der DDR, Berlin (2. September 1960).

— Zyklomorphose bei Difflugia limnetica (Testacea). 5. Tagung der deutschen Mitglieder der Internationalen Vereinigung für Limnologie, Hamburg (13. Oktober 1960).

— Ökologie der Testaceen im Stechlinsee. Institutskolloquium der Hydrobiologischen Anstalt der Max-Planck-Gesellschaft Plön (Holstein) (15. Juni 1961).

SCHRÄDER, THEODOR: Fische als Indikatoren der Wassergüte. Fortbildungskurs der Abteilung Trink-, Brauch- und Abwasserbiologie des Zoologischen Instituts, Leipzig (11. Juni 1959).

— Biologie und Wasserwirtschaft. Institutskolloqium der Hydrobiologischen Anstalt der Max-Planck-Gesellschaft, Plön (Holstein) (6. Juli 1959).

— Die Gewässer Finnlands. Klub der Intelligenz, Weimar (3. Juni 1960).

— Aktuelle Aufgaben der Limnologie in der Deutschen Demokratischen Republik. Kolloquium des Instituts für Stauseebiologie der Akademie der Wissenschaften der UdSSR, Borok (26. Juli 1960).

— Die Forschungsstelle für Limnologie der Deutschen Akademie der Wissenschaften zu Berlin. 5. Tagung der deutschen Mitglieder der Internationalen Vereinigung für Limnologie, Hamburg (13. Oktober 1960).

— Limnologie der Gewässer Österreichs. Geographische Gesellschaft in der DDR, Sektion Jena (14. November 1960), Sektion Karl-Marx-Stadt (29. April 1961), Sektion Magdeburg (9. Oktober 1961), Sektion Leipzig (13. Oktober 1961), Sektion Greifswald (28. November 1961).

— Verunreinigung von Staugewässern. Fortbildungskurs der Bundesanstalt für Wasserbiologie und Abwasserforschung, Wien (10. Mai 1961).

SCHRÄDER, THEODOR: Ansprache auf der Einweihungsfeier des Neubaus der Hydrobiologischen Anstalt der Max-Planck-Gesellschaft in Plön (Holstein) (7. Juli 1961).
— Entwicklung und wissenschaftliche Tätigkeit der Forschungsstelle für Limnologie der Deutschen Akademie der Wissenschaften zu Berlin. 6. gesamtstaatliche Konferenz der tschechoslowakischen Hydrobiologen und Ichthyologen, Schloß Smolenice (Slowakei) (26. September 1961).

6. Anlagen

Anlage 1

Auszug aus dem Kommuniqué der 6. Sitzung des Kuratoriums der Forschungsgemeinschaft der Deutschen Akademie der Wissenschaften zu Berlin, 12. März 1959.

Beschluß
über Maßnahmen zur Förderung der wissenschaftlichen Untersuchung
von Binnengewässern

Mit Wirkung vom 1. Februar 1959 wird die Forschungsstelle für Limnologie mit dem Sitz in Jena und mit einer Außenstelle bei Neu-Globsow am Stechlinsee errichtet. Mit der Leitung der Forschungsstelle für Limnologie wird Dr. Th. Schräder, Jena, beauftragt.

Anlage 2

Ordnung
der Forschungsstelle für Limnologie der Deutschen Akademie der Wissenschaften zu Berlin vom 21. Oktober 1959

Gemäß § 24 des Statuts der Deutschen Akademie der Wissenschaften zu Berlin vom 17. Juni 1954 (GBl. S. 609) hat der Vorstand der Forschungsgemeinschaft der naturwissenschaftlichen, technischen und medizinischen Akademie-Institute auf Grund des § 2 Abs. 3 der Geschäftsordnung der Forschungsgemeinschaft für die Forschungsstelle für Limnologie folgende Ordnung beschlossen:

§ 1
Allgemeines

1. Die Forschungsstelle für Limnologie ist eine auf Beschluß des Kuratoriums der Forschungsgemeinschaft der Akademie vom 12. März 1959 gegründete Forschungseinrichtung der Deutschen Akademie der Wissenschaften zu Berlin. Die Forschungsstelle hat ihren Sitz in Jena.

2. Die Forschungsstelle unterhält eine Außenstelle bei Neu-Globsow am Stechlinsee. Die Einrichtung weiterer Außenstellen, die Übernahme bestehender Einrichtungen als Außenstelle der Forschungsstelle sowie die Auflösung von Außenstellen bedürfen der Zustimmung des Kuratoriums der Forschungsgemeinschaft der Akademie.

3. Die Forschungsstelle ist der Forschungsgemeinschaft der naturwissenschaftlichen, technischen und medizinischen Institute der Deutschen Akademie der Wissenschaften zugeordnet.

4. Die Forschungsgemeinschaft der Akademie stellt der Forschungsstelle die planmäßig erforderlichen Mittel zur Verfügung.

§ 2

Aufgaben

1. Die Forschungsstelle hat folgende Hauptaufgaben:
   a) Grundlagenforschung auf dem Gesamtgebiet der Limnologie als der Wissenschaft von den wechselseitigen Beziehungen zwischen den Binnengewässsern aller Art als Biotop und ihren Bewohnern als Biozönose,
   b) Klärung von Fragen der Synökologie der Organismen in und an Binnengewässern aller Art einschließlich der dabei auftretenden biogeographischen Probleme,
   c) Pflege der Autökologie und Systematik der Wasserorganismen als deskriptive wie auch als experimentelle Forschung.
2. Im Rahmen ihrer Hauptaufgaben bearbeitet die Forschungsstelle
   a) Themen der Grundlagenforschung, wie sie sich in der Regel aus dem eigenen Forschungsbetrieb ergeben bzw. von anderen Institutionen angeregt werden,
   b) Themen für Institutionen und Betriebe in der Regel im Wege der Vertragsforschung,
   c) Themen, die der Forschungsstelle im Zusammenhang mit Forschungsarbeiten anderer Institutionen und Betriebe von der Forschungsgemeinschaft der Akademie oder dem Forschungsrat der Deutschen Demokratischen Republik im Einvernehmen mit dem Leiter der Forschungsstelle als staatlicher Auftrag erteilt werden.
3. Die Aufgaben der Forschungsstelle können durch den Vorstand der Forschungsgemeinschaft geändert oder auf Grenzgebiete der Limnologie ausgedehnt werden.

§ 3

Struktur

1. Die Forschungsstelle gliedert sich in die erforderlichen wissenschaftlichen Arbeitsgruppen und Hilfseinrichtungen.

2. Die Forschungsstelle entwickelt in der Zeit bis 1961 folgende wissenschaftlichen Arbeitsgruppen:

a) eine physiographische Arbeitsgruppe,
b) eine bakteriologische Arbeitsgruppe,
c) eine botanische Arbeitsgruppe,
d) eine zoologische Arbeitsgruppe,
e) eine Arbeitsgruppe für Dokumentation.

Die Bildung weiterer oder die Auflösung bestehender wissenschaftlicher Arbeitsgruppen bedürfen der Zustimmung des Vorstandes der Forschungsgemeinschaft der Akademie.

3. Die wissenschaftlichen Arbeitsgruppen der Forschungsstelle gelten als Keimzellen der künftigen Abteilungen des geplanten Instituts für Limnologie. In der Entwicklungszeit können Arbeitsgruppen aus sachlichen und räumlichen Gründen außerhalb des Sitzes der Forschungsstelle eingerichtet und unterhalten und der fachwissenschaftlichen Betreuung durch den Leiter oder einen geeigneten Mitarbeiter anderer wissenschaftlicher Einrichtungen unterstellt werden.

4. Die Kaderangelegenheiten der Forschungsstelle werden von der „Abteilung für Kaderfragen der Akademieeinrichtungen im Raume Jena, Sitz Institut für Mikrobiologie“ in Jena wahrgenommen.

5. In Fragen der Verwaltung und Versorgung der Forschungsstelle obliegen die entsprechenden Aufgaben der „Zentralen Verwaltung und Versorgung naturwissenschaftlicher Institute Jena (ZVV)“.

§ 4

Leitung

1. Die Forschungsstelle wird von einem Wissenschaftler geleitet, der auf Vorschlag des Vorstandes vom Kuratorium der Forschungsgemeinschaft berufen wird und die Bezeichnung

„Leiter der Forschungsstelle" führt. Der Leiter der Forschungsstelle kann seine Tätigkeit nebenberuflich ausüben.

2. Der Leiter der Forschungsstelle trägt die Verantwortung für die gesamte Tätigkeit der Forschungsstelle. Er ist berechtigt, im Rahmen der gesetzlichen Bestimmungen und staatlichen Pläne sowie der Festlegungen der Organe der Forschungsgemeinschaft die notwendigen Entscheidungen zu treffen und den Mitarbeitern der Forschungsstelle die gebotenen Weisungen zu erteilen.

3. Vor der Entscheidung über wichtige Fragen der Forschungsstelle soll der Leiter eine Beratung mit den beteiligten leitenden Mitarbeitern der Forschungsstelle durchführen. Zu solchen Beratungen wie auch zu anderen Besprechungen mit den leitenden Mitarbeitern der Forschungsstelle kann der Leiter sonstige geeignete Personen hinzuziehen, deren Mitwirkung als Sachverständige oder aus anderen Gründen zweckdienlich oder notwendig erscheint.

4. Der Leiter der Abteilung für Kaderfragen, der Leiter der ZVV sowie der Vertreter der Gewerkschaftsorganisation der Forschungsstelle sind an Besprechungen der in Absatz 3 genannten Art, von denen sie berührt werden, zu beteiligen.

5. Der Leiter führt das Dienstsiegel der Forschungsstelle.

6. Im Falle seiner Abwesenheit wird der Leiter durch einen von ihm bestimmten Wissenschaftler vertreten, der der Leiter einer wissenschaftlichen Arbeitsgruppe sein soll. Die Bestellung dieses Abwesenheitsvertreters bedarf der Bestätigung durch den Vorsitzenden des Vorstandes der Forschungsgemeinschaft der Akademie.

§ 5

Die wissenschaftlichen Arbeitsgruppen

1. Die Leiter der wissenschaftlichen Arbeitsgruppen üben ihre Tätigkeit im Rahmen der bestätigten Aufgaben und nach Maßgabe der ihnen vom Leiter der Forschungsstelle erteilten Weisungen eigenverantwortlich aus. Sie sind den Mitarbeitern ihrer Arbeitsgruppe gegenüber weisungsbefugt.

2. Die Leiter der wissenschaftlichen Arbeitsgruppen sind dem Leiter der Forschungsstelle gegenüber berichts- und rechenschaftspflichtig.

§ 6

Vertretungsbefugnis

1. Im Geschäftsverkehr wird die Forschungsstelle durch den Leiter oder seinen nach § 4 Abs. 6 bestellten Abwesenheitsvertreter vertreten.

2. Der Leiter kann Mitarbeiter der Forschungsstelle bevollmächtigen, die Forschungsstelle in bestimmten Angelegenheiten zu vertreten.

§ 7

Kaderangelegenheiten

In Kaderangelegenheiten, die die Forschungsstelle betreffen, ist der Leiter der Forschungsstelle dem Leiter der „Abteilung für Kaderfragen der Akademieeinrichtungen im Raum Jena" gegenüber weisungsbefugt.

§ 8

Verwaltung und Versorgung

In Fragen der Verwaltung und Versorgung der Forschungsstelle, für die nach § 3 Abs. 5 dieser Ordnung die ZVV zuständig ist, ist der Leiter der Forschungsstelle dem Leiter der ZVV gegenüber weisungsbefugt.

§ 9

Mitwirkung des Haushaltsachbearbeiters

Die Begründung von Verpflichtungen für den Haushalt der Forschungsstelle sowie die Verfügung über die Zahlungsmittel bedürfen nach der Haushaltsbearbeiter-Verordnung vom 6. Dezember 1951 (GBl. S. 1134) in jedem Falle der Mitwirkung bzw. der Mitzeichnung des für die Forschungsstelle zuständigen Haushaltsbearbeiters.

§ 10

Geschäftsordnung

Der Leiter gibt der Forschungsstelle eine Geschäftsordnung, die der Bestätigung durch den Wissenschaftlichen Sekretär der Forschungsgemeinschaft der Akademie bedarf.

§ 11

Kuratorium

1. Bei der Forschungsstelle besteht ein Kuratorium.
2. Dem Kuratorium obliegen insbesondere folgende Aufgaben:
 a) Beratung der wissenschaftlichen Perspektivpläne der Forschungsstelle, der jährlichen Forschungspläne und der grundsätzlichen Maßnahmen zu ihrer Durchführung,
 b) Stellungnahme zu den Arbeitsberichten der Forschungsstelle und Beratung über Forschungsergebnisse und Arbeitsmethoden,
 c) Beratung der zuständigen Organe der Forschungsgemeinschaft der Akademie bei der Berufung des Leiters und der Einstellung der leitenden Mitarbeiter der Forschungsstelle.

3. Die Zahl der Mitglieder des Kuratoriums soll fünf nicht übersteigen. Die Mitglieder werden auf die Dauer von drei Jahren durch den Vorstand der Forschungsgemeinschaft berufen. Wiederberufung ist zulässig. Vertreter staatlicher Organe bedürfen zur Ausübung der Mitgliedschaft der Zustimmung des Leiters ihrer Dienststelle.

4. Den Vorsitz im Kuratorium führt ein vom Vorstand der Forschungsgemeinschaft der Akademie benannter Wissenschaftler, der Mitglied der Akademie sein soll. Soweit die übrigen Mitglieder des Kuratoriums nicht Mitglieder der Deutschen Akademie der Wissenschaften zu Berlin sind, soll es sich um Fachvertreter handeln, die an den Arbeiten der Forschungsstelle besonders interessiert sind und von deren Mitarbeit im Kuratorium eine wirksame Förderung der Arbeiten der Forschungsstelle zu erwarten ist. Der Vorsitzende des Kuratoriums kann zur Behandlung bestimmter Fragen Sachverständige hinzuziehen.

5. Der Leiter der Forschungsstelle ist verpflichtet, dem Kuratorium auf jeder Sitzung über die Tätigkeit der Forschungsstelle Bericht zu erstatten. Dem Leiter der Forschungsstelle obliegt in der Regel die Erledigung der mit der Durchführung der Geschäfte des Kuratoriums zusammenhängenden Arbeiten.

6. Das Kuratorium soll mindestens zweimal in jedem Kalenderjahr zusammentreten. Es wird von seinem Vorsitzenden bzw. auf Anregung des Leiters der Forschungsstelle einberufen. Das Kuratorium ist verpflichtet, auf Verlangen des Vorstandes der Forschungsgemeinschaft der Akademie bestimmte Fragen zu behandeln und zu ihnen Stellung zu nehmen.

§ 12

Schlußbestimmung

Diese Ordnung tritt mit Wirkung vom 1. November 1959 in Kraft. Sie kann durch den Vorstand der Forschungsgemeinschaft der Akademie geändert oder aufgehoben werden.
Berlin, den 21. Oktober 1959

Forschungsgemeinschaft
der
DEUTSCHEN AKADEMIE DER WISSENSCHAFTEN ZU BERLIN

(gez.) Prof. Dr.-Ing. H. FRÜHAUF
Vizepräsident der Akademie
und
Vorsitzender des Vorstandes
der Forschungsgemeinschaft
der DAW

(gez.) Dr.-Ing. W. WITTBRODT
Wissenschaftlicher Sekretär
der Forschungsgemeinschaft
der DAW

(Siegel)

Literatur

SCHRÄDER, THEODOR, 1959: Die Aufgaben der Biologie in der Wassergütewirtschaft. Mber. dtsch. Akad. Wiss. Berlin **1**, 188—194.

STEENBECK, MAX, 1958: Energiequelle Atom. Bergakademie **10**, 459—467.

Tätigkeitsbericht 1959 der Forschungsgemeinschaft der Deutschen Akademie der Wissenschaften zu Berlin. Akademie-Verlag, Berlin. 1960. 398 S.

Tätigkeitsbericht 1960 der Forschungsgemeinschaft der Deutschen Akademie der Wissenschaften zu Berlin. Akademie-Verlag, Berlin. 1961. 494 S.

Anschrift des Verfassers:

Dozent Dr. habil. THEODOR SCHRÄDER
Leiter der Forschungsstelle für Limnologie der DAW,
Jena-Lobeda, Alte Landstraße 3

Limnologica (Berlin)	1	1	1962	21—34

Aus der Forschungsstelle für Limnologie
der Deutschen Akademie der Wissenschaften zu Berlin, Jena-Lobeda
Leiter: Dozent Dr. habil. TH. SCHRÄDER

WILFRIED SCHÖNBORN

Über Planktismus und Zyklomorphose bei *Difflugia limnetica* (LEVANDER) PENARD

Mit 3 Abbildungen

1. Einleitung

Die erste genaue Beschreibung einer planktischen Difflugie geschah durch ZACHARIAS (1897). Die Art wurde im Großen Plöner See gefunden und von ZACHARIAS *Difflugia hydrostatica* genannt. Seitdem ist aus dem Plankton vieler Seen eine größere Anzahl Difflugien beschrieben worden, von denen sich aber bis heute nur noch *Difflugia hydrostatica* ZACHARIAS und *Difflugia limnetica* (LEVANDER) PENARD als vollkommen gesichert gehalten haben. Doch auch zwischen diesen beiden Arten kam es häufig zu Verwechslungen. Obwohl beide Arten oftmals als euplanktisch bezeichnet wurden, hat man sie sowohl planktisch als auch benthisch gefunden. Auch der Gedanke einer Verknüpfung beider Lebensweisen ist in der Literatur angedeutet. In den vorliegenden Untersuchungen wird dargestellt werden, daß es sich sogar um eine neue Form des Planktismus handelt.

Difflugia limnetica wurde von LEVANDER (1900) als neue Varietät von *Difflugia lobostoma* LEIDY aus dem Plankton südfinnischer Seen beschrieben und von PENARD (1902) als selbständige Art erklärt. Die Art ist heute in ganz Europa, ferner in Asien (Sunda-Inseln), in Afrika und auch in Südamerika (Brasilien) nachgewiesen. Bei vielen Autoren, die in der Folgezeit die Art fanden, fehlt die genaue Biotopangabe, ob sie im freien Wasserraum oder in anderen Lebensstätten gefunden wurde. Dieses erschwert eine genaue ökologische Darstellung.

D. limnetica ist auch nicht selten mit anderen Arten verwechselt worden, da man auf Merkmale geachtet hat, die sich nicht für die Taxonomie eignen und, wie ich zeigen kann, zyklischen und lokalen Veränderungen unterliegen. So ist das Wissen um die planktischen Difflugien oft sehr verwirrt, und vielleicht bringt die Klärung gesetzmäßiger morphologischer und ökologischer Änderungen dieser Arten einigen Aufschluß.

Die Untersuchungen über *D. limnetica* wurden im Großen Stechlinsee, Nehmitzsee, Glietzensee und Dagowsee an der ehemaligen mecklenburgisch-brandenburgischen Grenze bei Rheinsberg (Mark) durchgeführt. Von diesen Seen ist der Große Stechlinsee oligotroph, der Nehmitzsee liegt an der Grenze von oligotrophem und eutrophem Typus, während Dagowsee und Glietzensee eutroph sind. Die Untersuchungen beschränkten sich auf die Jahre 1959 und 1960.

2. Genaue Artabgrenzung

Difflugia limnetica besitzt eine Reihe sehr nah verwandter Arten, die ihre genaue Abgrenzung oftmals sehr erschweren. Dieses hat in vielen Fällen zu Irrtümern geführt. Für die Erörterung der Zyklomorphose ist die genaue Abgrenzung der Art von größter Bedeutung, um den Verdacht auszuschließen, es handele sich bei den zyklischen Veränderungen um Varietäten oder gar andere Arten.

Die nächstverwandte Art dürfte *Difflugia lobostoma* LEIDY sein. Hierin stimmen alle Autoren, die sich mit *D. limnetica* beschäftigt haben, überein; LEVANDER beschrieb sie ursprünglich als Varietät von *D. lobostoma.*

Von *D. lobostoma* unterscheidet sich *D. limnetica* sehr deutlich durch das Fehlen von Zoochlorellen und den Besitz eines großen kompakten Nukleolus im Kern, während *D. lobostoma* mehrere Nukleolen besitzt. Bei beiden Arten ist das Pseudostom drei- bis vierlappig, bei *D. lobostoma* in der Regel vier-, bei *D. limnetica* meist dreilappig, auch sehr selten fünflappig. Das sehr oft herangezogene Merkmal der Kragenbildung versagt aber. Danach besitzt *D. limnetica* einen Kragen, während er bei *D. lobostoma* fehlt. Schon verschiedene Autoren weisen auf eine unterschiedliche Kragenausbildung hin, die sogar völlig fehlen kann (MINKIEVICZ 1900, PENARD 1902, VIRIEUX 1916, THOMAS und MABILLE 1956). In der vorliegenden Arbeit wird gezeigt, daß der Kragen zyklischen Änderungen unterliegt und somit taxonomisch nicht verwertbar ist. In der Regel ist allerdings bei *D. limnetica* während des größten Teiles des Jahres ein Kragen vorhanden (abgesehen von lokalen Varianten), während er bei *D. lobostoma* fast immer fehlt oder nur schwach durch überstehende Steinchen angedeutet ist.

Die Farbe der Schale beider Arten ist ebenfalls unterschiedlich. Während sie bei *D. limnetica* gelbbraun ist, ist sie bei *D. lobostoma* hyalin. Doch kommen bei *D. limnetica* Individuen mit fast hyaliner Schale vor, während umgekehrt Schalen von *D. lobostoma* einen gelblichen Anflug haben können.

Die Größenamplituden unterscheiden sich ebenfalls, jedoch überschneiden sie sich auch. *D. lobostoma* ist immer über 100 μ groß, meist 130 bis 140 μ; *D. limnetica* dagegen ist in der Regel unter 100 μ groß, selten bis 130 μ (PENARD 1902, AWERINTZEW 1906). Die unterste Grenze erreicht *D. limnetica* bei 55 μ; ihr Durchmesser beträgt 50 bis 90 μ.

Eine andere nah verwandte Art ist *Difflugia gramen* PENARD. Ihre Größenamplitude reicht von 50 bis 84 μ und scheint diese Grenzen nicht zu überschreiten. Sie stimmt in der Größe also mit *D. limnetica* weitgehend überein; ebenfalls ist das Pseudostom dreilappig. Ein Kragen fehlt, doch kann man dieses Merkmal wiederum nicht zur Abgrenzung gegenüber *D. limnetica* benutzen. Der Kern besitzt wie bei *D. limnetica* einen kompakten Nukleolus. Das auffallendste Merkmal, das diese Art von *D. limnetica* trennt, ist das Vorhandensein von Zoochlorellen.

Die Schalenfarbe von *D. gramen* ist hyalin, doch kann sie, ähnlich wie bei *D. lobostoma*, einen gelblichen Anflug haben.

PENARD (1902) beschrieb eine Varietät *achlora* von *D. gramen*, die bis heute Gültigkeit hat (ŠTĚPÁNEK und JIŘI 1958, THOMAS und MABILLE 1956, GAUTHIER-LIÈVRE und THOMAS 1958). Sie unterscheidet sich von der Stammform durch das Fehlen von Zoochlorellen, eine gelbe Schale und das Vorhandensein eines Kragens. Nach dieser Diagnose ist es unmöglich, *D. limnetica* von *D. gramen* var. *achlora* zu trennen. PENARD hat sich offenbar von der Größe verleiten lassen. Er gibt *D. limnetica* mit 110 μ und *D. gramen* var. *achlora* mit 55 μ an. Nach neueren Messungen deckt sich aber die Größenamplitude von *D. limnetica* weitgehend mit der von *D. gramen* var. *achlora*. Es ergibt sich wohl die Notwendigkeit, *D. gramen* var. *achlora* als mit *D. limnetica* identisch zu erklären. *D. gramen* kann auch längere Zeit im Plankton vorkommen (THOMAS und MABILLE 1956, ŠTĚPÁNEK und JIŘI 1958). ŠTĚPÁNEK und JIŘI werfen SLÁDEČEK (1951) vor, er habe *D. gramen* var. *achlora* mit *D. limnetica* verwechselt.

Eine ebenfalls nah verwandte Art ist *D. hydrostatica* ZACHARIAS. LEVANDER (1900) leitet sie direkt von *D. limnetica* ab. Das Pseudostom von *D. hydrostatica* ist von 6 bis 8 stumpfen Fortsätzen umkränzt und ist seltener fast rund. Demnach gehört die Art noch zum *lobostoma*-Artenkreis. Ein Kragen ist mehr oder weniger stark ausgebildet, doch nie so deutlich wie bei *D. limnetica*; diese Verhältnisse müssen aber wiederum außer Acht gelassen werden. Der Kern besitzt einen zentralen Nukleolus, die Farbe der Schale ist gelblich, die Größe schwankt zwischen 70 und 140 μ.

Das wichtigste Merkmal, welches *D. hydrostatica* von *D. limnetica* abgrenzt, ist also die Ausbildung des Pseudostoms. Es sollen auch habituelle Unterschiede bestehen, indem *D. hydrostatica* länglicher ist, ohne einen vom Fundusteil schärfer abgesetzten Kragen. Doch sind diese Merkmale kaum taxonomisch zu verwerten.

ASPER und HEUSCHER (1887) beschrieben aus dem Zürichsee eine planktische Difflugie, die sie als *Difflugia urceolata* var. *helvetica* bezeichneten. Sie geben jedoch keine Abbildung des Pseudostoms, so daß diese Art nicht in die Betrachtung einbezogen werden kann. PLAYFAIR (1918) erhob sie trotzdem zur selbständigen Art.

Eine andere innerhalb der planktischen Difflugien problematische Art ist *Difflugia cyclotellina*, welche GARBINI (1898) aus dem Lago Maggiore beschrieb. Sie ist von PENARD (1908) in die *D. hydrostatica* ZACHARIAS einbezogen worden und wird neuerdings von GROSPIETSCH (1957), der sie erneut untersuchte, wieder als selbständig betrachtet. Das wichtigste Merkmal, welches GROSPIETSCH heranzieht, ist die Pseudostomausbildung. Das Pseudostom ist rund; es ist ständig von einem zylindrischen Kragen umgeben. Auf Grund der Pseudostom-Verhältnisse, die für *Difflugia* taxonomisch brauchbar sind, scheint es berechtigt zu sein, *D. cyclotellina* wieder als selbständige Art zu betrachten. Sie ist wahrscheinlich außerhalb des *lobostoma*-Artenkreises zu stellen. Die Schalenfarbe ist gelbbraun. JUNG (1942) beschrieb *Difflugia pygmaea* aus Südchile. Diese Art soll völlig *D. limnetica* gleichen, nur ist sie kleiner als diese (60 μ lang, 50 μ breit).

Die Maße liegen aber, wie schon dargestellt, innerhalb der Größenamplitude von *D. limnetica*, so daß *D. pygmaea* JUNG wohl mit *D. limnetica* LEVANDER identisch ist. JUNG fand sie in nassen Moosen und Sümpfen.

Es gibt also heute drei Difflugienarten, die eine größere Bindung an das Pelagial haben: *D. hydrostatica* ZACHARIAS, *D. limnetica* (LEVANDER) PENARD und *D. cyclotellina* GARBINI, von denen die letztere bisher nur im Lago Maggiore gefunden wurde.

Über den Xenosomenbelag dieser Arten, der von vielen Autoren taxonomisch verwendet wird (LEVANDER 1900, VIRIEUX 1916 u. a.), kann generell gesprochen werden. Für *D. hydrostatica* und *D. cyclotellina* werden ausschließlich Cyclotellen angegeben, für *D. limnetica* vorwiegend (bei einigen Autoren ausschließlich) Quarzkörnchen, seltener Diatomeen. Viele als runde Quarzplättchen mit Perlstruktur oder Maserung bezeichnete Xenosomen dürften Bruchstücke von Cyclotellen gewesen sein. *D. lobostoma* und *D. gramen* besitzen als Xenosomen in der Regel Quarzkörnchen, seltener Diatomeen. Schon aus dieser kurzen Darstellung ist ersichtlich, daß der Xenosomenbelag keinerlei taxonomischen Wert hat. Hinzu kommt noch, daß er bei *D. limnetica* zyklischen Veränderungen unterliegt. Er darf niemals für die Artabgrenzung der hier genannten Difflugien verwendet werden.

Die Gestalt der Schale von *D. limnetica* ist meist oval bis rund, doch kommen auch gestrecktere Formen vor. Der Kern ist 30 bis 40 μ groß; jedoch haben alle diese Merkmale keinen taxonomischen Wert (vgl. Abb. 2).

Die einzige Varietät, die mir von *D. limnetica* bekannt ist, beschrieben GAUTHIER-LIÈVRE und THOMAS (1958) als var. *tuberculata*. Sie unterscheidet sich von der Stammform durch ein fünflappiges Pseudostom und eine höckerige Schale, die der von *Difflugia tuberculata* WALLICH vergleichbar ist. Die Varietät wurde bisher nur in Marokko gefunden.

3. Planktismus

Ab Juni, bei einer durchschnittlichen Wassertemperatur von +16 °C, findet man *D. limnetica* im Pelagial der angegebenen Seen. Im Oktober verschwindet sie völlig aus dem Pelagial (Abb. 1). Während dieser pelagischen Lebensphase zeigt die Art typische zyklomorphe Erscheinungen, die im übernächsten Abschnitt näher besprochen werden.

Im Oktober und Anfang November findet man vereinzelt lebende Exemplare im Benthal, und hier vor allem im Litoral, fast nie im Profundal. Im Litoral leben sie vorwiegend in submersen Pflanzenbeständen, im Aufwuchs von Stöcken und Steinen, seltener im Sediment. Diese Tiere sind nun völlig identisch mit den Individuen, die man zuletzt im Plankton gefunden hat. Den Sommer über habe ich, mit Ausnahme ganz vereinzelter Funde, keine lebenden Individuen von *D. limnetica* im Benthal angetroffen. Gesichert wird die Annahme des aktiven Absinkens aus dem Pelagial noch dadurch, daß man sich an dem letzten Zyklomorphose-Stadium orientieren kann. Dieses stimmt ganz genau mit den herbstlichen benthischen Individuen überein. Im November findet man in den benthischen

Lebensstätten nur noch enzystierte Tiere; die Schale ist die des letzten Zyklomorphose-Stadiums. Bis Anfang März dauert die Winterruhe an. Im März findet man keine enzystierten Tiere mehr. Die Entleerung der Zyste erfolgt sicherlich in die alte Schale, wie dieses RHUMBLER (1896) bei *Difflugia elegans* PENARD beobachtete.

Die benthischen Frühjahrspopulationen findet man bis Juni; danach verschwinden sie aus dem Benthal und man findet die ersten planktischen Tiere. Es muß sich also um ein aktives Aufsteigen handeln. Diese Annahme wird wiederum durch einen Vergleich mit dem letzten benthischen Zyklomorphose-Stadium gesichert. Man findet jetzt die morphologisch genau gleichen Individuen im Pelagial wieder, die bis Juni im Litoral lebten. Im Pelagial kann man dann ihre zyklischen Veränderungen bis zu den Herbstindividuen verfolgen. Die Frage

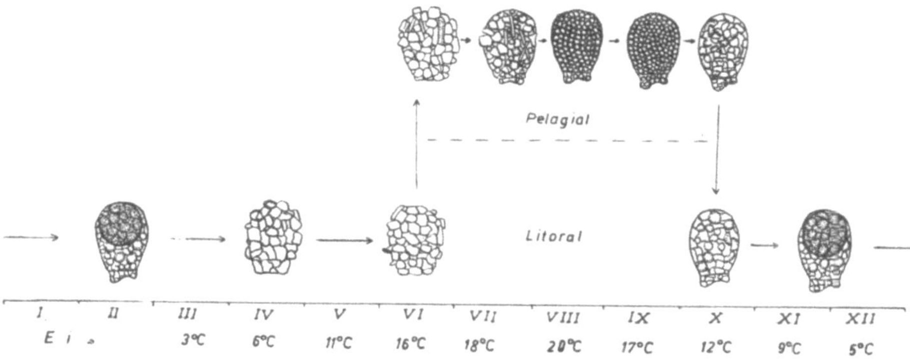

Abb. 1. Schema der Zyklomorphose und des Planktismus bei *Difflugia limnetica*.

der Identität der benthischen Frühjahrspopulationen mit *D. limnetica* wird in einem anderen Abschnitt diskutiert.

Nach diesen Darlegungen macht *D. limnetica* also einen benthoplanktischen Zyklus durch. Wir haben es demnach hier nicht mit einer euplanktischen Art zu tun, wie dieses z. B. LEVANDER (1900), VIRIEUX (1916), RYLOV (1935) u. a. angeben. Es liegt ebenfalls weder ein Fakultativplanktismus noch Tychoplanktismus vor, sondern es handelt sich um eine neue Form des Planktismus. Pelagische Organismen bilden im Herbst oft Dauerstadien, die im Benthal überwintern und im nächsten Jahr wieder aktiv und planktisch werden. Bei *D. limnetica* liegt aber einmal im Herbst ein aktives Absinken mit anschließender Enzystierung und im Frühjahr ein aktives echtes benthisches Leben vor. Erst nach Erreichen der optimalen Temperatur im Gewässer kommt es zu einem gesetzmäßigen Biotopwechsel. Ich fand auch schon gleich zu Beginn des Oktober Dauerstadien im Benthal. Diese werden schon im Pelagial gebildet worden sein; jedoch kommt dieses seltener vor als das aktive Abwandern. Die Individuen, die beim Absinken ins Profundal gelangen, scheinen abzusterben; es überwintern nur die im Litoral lebenden Tiere.

Neben diesen im Herbst relativ wenigen aktiven Tieren findet man eine große Anzahl leerer Schalen. Der größte Teil der planktischen Individuen stirbt also ab; nur wenige überdauern und kommen im nächsten Jahr zur Vermehrung.

Daß es sich nicht um einen echten Euplanktismus handelt, deuten ebenfalls einige Autoren an. ZACHARIAS (1897) und VIRIEUX (1916) sprechen davon, daß *D. hydrostatica* im Sommer aus dem Benthal aufsteigt. Das gleiche muß man dann auch für *D. limnetica* annehmen, die ebenfalls eine Sommerform ist. Der Monat des Erscheinens im Pelagial wird von den verschiedenen Autoren übereinstimmend angegeben (das gleiche gilt für *D. hydrostatica*). Auch Maximum und Verschwinden aus dem Pelagial stimmen weitgehend in den einzelnen Seen überein (MINKIEVICZ 1900, WESENBERG-LUND 1904, 1952, VIRIEUX 1916 u. a.). Das Maximum liegt im Juli und August. Nur LEVANDER (1900) gibt an, daß die Art im Juli auftritt, im August abnimmt und im September schon völlig verschwunden ist. Dieses ist aus den Temperaturverhältnissen in Finnland zu deuten.

Von *D. hydrostatica* beschrieb PENARD (1902) eine angeblich ausschließlich benthische Varietät, var. *lithophila*. Sie hat, wie die typischen benthischen Difflugien, Steinchenbelag. Es erhebt sich die Frage, ob es sich vielleicht hier nicht um eine Varietät handelt, sondern nur um die benthische Phase dieser Art, die dann einen ähnlichen Zyklus wie *D. limnetica* haben muß. Sie ist ebenfalls eine Sommerform und verschwindet im Herbst aus dem Plankton. Diese *D. hydrostatica* var. *lithophila* PENARD wäre dann ökologisch den benthischen Frühjahrspopulationen von *D. limnetica* gleichzusetzen. Doch liegen hierüber noch keine Hinweise vor.

D. limnetica macht nicht immer einen bentho-planktischen Zyklus durch. Sie findet sich auch in Sümpfen und Sphagnum-Gewässern (GAUTHIER-LIÈVRE und THOMAS 1958), also Lebensstätten, die gar keinen freien Wasserraum haben. DECLOÎTRE (1954) fand sie in Afrika in einer Felsenhöhle und auch in terrestrischen Biotopen; KÜHN (1940) fand sie in Moosen in einer Quelle bei Wien. Sie kommt auch in sehr kleinen Wasseransammlungen vor (AWERINTZEW 1906). Ich selbst fand sie wiederholt in Erlenbrüchen. GAUTHIER-LIÈVRE und THOMAS betonen ihre große ökologische Anpassungsfähigkeit. Dieses gilt auch gegenüber dem pH-Wert und der Höhenlage ihrer Biotope. Der Zyklus wird also nur dann realisiert, wenn die Möglichkeit dafür gegeben ist; kann er nicht verwirklicht werden, so schließt dieses das Vorkommen der Art nicht aus.

In den Gewässern findet sich *D. limnetica* sowohl planktisch als auch benthisch. Leider haben viele Autoren den genauen Biotop nicht genannt. Wichtig wäre auch die Angabe, zu welcher Zeit sie benthisch gefunden worden ist; auch hierüber findet man keine Hinweise.

4. Schwebemechanismus

D. limnetica muß einen besonderen Schwebemechanismus ausgebildet haben, da sie ein echtes benthisches Leben führt, aber zu einem bestimmten Zeitpunkt ins Pelagial aufsteigt und später aktiv wieder absteigt. Die älteste Annahme ist die Bildung von Gasvakuolen im Plasma (ZACHARIAS 1897, HEUSCHER 1916, vgl. auch JACOBS 1944). Die Natur des Gases ist bis heute nicht geklärt. Es füllt den plasmaleeren Schalenteil aus, der dadurch entsteht, daß das Zytoplasma nicht den gesamten Schalenhohlraum einnimmt. Das Zytoplasma ist mit Hilfe von Epipodien an der Innenwand der Schale befestigt (Abb. 2). Durch die Plastizität des Zytoplasmas kann der Gasgehalt des Schalenhohlraumes reguliert werden.

Als ein zweites hydrostatisches Prinzip beobachtete ich die Bildung von Fetttröpfchen. Diese Fetttröpfen oder Ölkugeln finden sich nur bei planktisch lebenden Tieren, nie bei benthischen (Abb. 2). Sie scheinen daher mit dem Aufsteigen ins Pelagial unmittelbar zusammenzuhängen. Im Herbst besaßen ebenfalls nur die pelagisch lebenden Tiere diese Ölkugeln. Bei den aktiv abgesunkenen Tieren fehlten sie. Die Bestimmung dieser Substanzen als Fett erfolgte durch Anfärben mit Sudan III und Scharlach R. In beiden Fällen färbten sich nur die Kugeln, und zwar mit Sudan III orangegelb und mit Scharlach R kräftig orangerot.

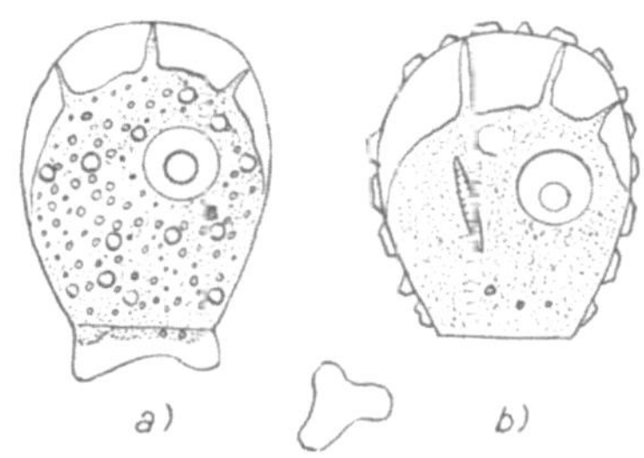

Abb. 2. Schnitte durch a) ein planktisches und b) ein benthisches Individuum von *Difflugia limnetica*.

Nach den dargelegten Beobachtungen müssen diese Fettkugeln unmittelbar vor dem Aufstieg gebildet werden. Es muß angenommen werden, daß diese Fettbildung als Folge erhöhter Nahrungsaufnahme während der benthischen Phase durch Umbildung der aus der Nahrung gewonnenen Kohlenhydrate geschieht. Es ist dies die heute allgemeine Annahme, daß auf diesem Wege größere Mengen von Fett im Protozoenkörper gebildet werden (VON BRAND 1935). Während der planktischen Phase haben die Ölkugeln offenbar eine hydrostatische Funktion. Kurz vor dem Absinken im September oder Oktober verschwinden diese Fette wieder. Hierdurch wird das Absinken zumindest begünstigt.

Nach alledem, was wir über den Fetthaushalt der Protozoen wissen, ist es naheliegend, daß diese Fette verdaut werden. Die Fettkugeln, die während der planktischen Phase eine hydrostatische Funktion hatten, werden jetzt wie normale Reservefette abgebaut und sicherlich im Zytoplasma neu- oder umsynthetisiert. Damit sind die Ölkugeln aus dem Zytoplasma verschwunden und das Absinken ist erleichtert. Diese Ausnutzung des „hydrostatischen“ Fettes als Reservestoff für die bevorstehende winterliche Zystenruhe scheint sehr naheliegend zu sein, da eine zeitlang vor der Enzystierung bei vielen Testaceen Fette gespeichert werden, welche — gegebenenfalls umsynthetisiert — während der Zystenphase als Energiequelle dienen. ZUELZER (1904) berichtet von *Difflugia urceolata* CARTER, daß kurz vor der herbstlichen Enzystierung das gespeicherte Fett aus dem Zytoplasma verschwindet. Im Fetthaushalt der Radiolarien kann man einen Analogiefall zu dem hier beschriebenen Fettstoffwechsel sehen (s. bei VON BRAND 1935). Die Radiolarien, welche euplanktisch sind, haben ständig Ölkugeln im Zytoplasma, welche hier eine hydrostatische Funktion zu erfüllen haben. Bei der Schwärmerbildung jedoch wird ein Teil des Fettes als Reservefett verbraucht.

Aus der gegebenen Darstellung sieht man, wie sehr die planktische Lebensweise dieser Art mit der benthischen verwoben ist. Es liegt ein verwickelter gesetzmäßiger Zyklus vor. In der benthischen Frühjahrsphase werden schon die Vorbedingungen für das planktische Leben geschaffen.

5. Zyklomorphose

Die eigentümliche Form des Planktismus von *D. limnetica* ist mit deutlichen zyklomorphen Änderungen verbunden. Es ist dies die erste Beschreibung einer Zyklomorphose bei Protozoen.

Im Juni treten die ersten Individuen im Pelagial auf. Ihnen fehlt völlig der Kragen; der Xenosomenbelag besteht aus Steinchen, wie ihn die echten benthischen Difflugien besitzen (Abb. 1). Ende Juni bis Anfang Juli findet man Stadien, die einen kleinen Kragen ausgebildet haben (2 bis 3 μ Länge) und neben dem Steinchenbelag schon mit Diatomeen, vorzugsweise mit Cyclotellen, bauen. Im Laufe des Juli ist der Kragen völlig ausgebildet (7 bis 8 μ Länge), und die Schale ist nur noch mit Cyclotellen bedeckt. Dieses Stadium dauert bis September an. Gegen Ende der planktischen Phase findet man ebenfalls einen Cyclotellenbelag, nur werden jetzt größere Arten dafür verwendet und infolge der Größe der Cyclotellen oft nur in Bruchstücken. Bei oberflächlicher Betrachtung gleicht er einem Belag mit Quarzplättchen. Dieser letzte Xenosomenwechsel richtet sich sicherlich nach dem Angebot an Cyclotellen, welches in den einzelnen Seen verschieden sein kann. Er ist zunächst kennzeichnend für die untersuchten oligotrophen Seen. Im Oktober findet man, wie schon dargestellt, lebende Tiere dieses letzten Zyklomorphosestadiums im Litoral. Erst im März, bei einer Wassertemperatur von durchschnittlich +6 °C, nach Durchlaufen der Ruhephase, wird es wieder aufgehoben. Es treten jetzt Individuen mit typischem Steinchenbelag auf, denen eine Kragenbildung fehlt. Diese benthischen Populationen nehmen bis Juni zu und verschwinden dann. Die gleichen morphologischen Stadien treten nun im Pelagial auf.

Im Pelagial sieht man deutliche Übergänge zwischen den einzelnen Stadien. Die Schalen sind gelbbraun; einige sind so schwach gelb, daß sie fast hyalin erscheinen. Wichtig ist die Artzugehörigkeit der benthischen Individuen. Ich gebe hier ihre genaue Beschreibung: Das Pseusostom ist dreilappig, die Schale meist gelbbraun. Jedoch kommen auch des öfteren hyaline Schalen vor. Zoochlorellen sind nicht vorhanden. Der Kern besitzt einen zentralen Nukleolus. Es sind Individuen bis zu 130 μ gemessen worden; sie liegen also außerhalb der Größenamplitude von *D. gramen*. Diese Tiere gehören somit eindeutig zu *D. limnetica*.

Die Zyklomorphose bezieht sich also auf die Ausbildung des Kragens und auf den Xenosomenwechsel. Sie ist nicht nur an die pelagische Lebensweise gebunden, sondern greift auf die benthischen Populationen über. Somit ist auch die Zyklomorphose in diesen bentho-planktischen Zyklus eingeschlossen.

Die Variabilität in der Ausbildung des Kragens und der Xenosomenwahl bei *D. limnetica* ist, wie schon erwähnt, von einigen Autoren angegeben worden. Jedoch messen viele Autoren diesen Merkmalen taxonomischen Wert bei. LEVANDER (1900) gibt Quarzplättchen als Belag an; der Kragen ist gut entwickelt. LEVANDER betont, daß *D. limnetica* im Gegensatz zu *D. hydrostatica* keine Cyclotellen als Schalenbelag benutzt. Wie LEVANDER zu dieser Meinung kommt, wird noch erläutert werden. Nach MINKIEVICZ (1900) ist die Schale unterschiedlich mit Cyclotellen und Steinchen besetzt; er bildet auch Tiere mit sehr unterschiedlich entwickeltem Kragen ab. Diese Tiere stammen aus dem Plankton des Bologoje- und Glubokoje-Sees. PENARD (1902) führt Quarzplättchen als Xenosomen an; am Kragen befinden sich nach ihm sehr häufig größere Steinchen. Diese letztere Erscheinung ist wiederholt beobachtet worden und kann auch nach dem von mir untersuchten Material bestätigt werden, wenn man darauf auch keinen taxonomischen Wert legen darf. Auch PENARD bildet Exemplare mit unterschiedlicher Kragenhöhe ab. VIRIEUX (1916) beobachtete die Art im Plankton des Genin- und des Bonlien-Sees. Er beschreibt sie aber als *D. hydrostatica*. Sie besitzt jedoch ein quadrilobes Pseudostom und dürfte somit zu *D. limnetica* gehören. Die Schalen waren mit Cyclotellen belegt und teilweise ohne einen Kragen. WESENBERG-LUND (1952) gibt als Xenosomen für *D. limnetica* ebenfalls Steinchen im Gegensatz zu *D. hydrostatica* an, welche Cyclotellen verwenden. Falls dieses Merkmal zur Diagnose herangezogen wurde, sind Verwechselungen möglich gewesen. VAN OYE (1953) beschreibt Exemplare aus Belgien. Sie besaßen Quarzplättchen und hatten einen wohlentwickelten Kragen. Nach THOMAS und MABILLE (1956) sind die Schalen mit Steinchen belegt. Besonders große Steinchen kommen am Pseudostom vor. Ein Kragen war so gut wie nicht ausgebildet. Die Tiere wurden im Plankton eutropher Weiher gefunden. Dieses Stadium stimmt also mit den ersten zyklomorphen Stadium in den von mir untersuchten Seen überein; ein gleiches Stadium fand ŠTĚPÁNEK in kleinen Weihern bei Prag, die also auch kein eigentliches Pelagial besaßen. GAUTHIER-LIÈVRE und THOMAS (1958) untersuchten Individuen aus Afrika. Diese besaßen spärlichen Steinchenbelag, in der Nähe des Pseudostoms werden die Steine zahlreicher. Ein Kragen ist immer vorhanden, wenn auch nach den Abbildungen nur schwach. Ähnliche Beschreibungen lieferten auch VIRIEUX (1913) und MARGALEFF (1955).

Aus dieser Übersicht ist zu ersehen, daß praktisch alle zyklomorphen Stadien schon bekannt sind, nur sind sie nicht als ein gesetzmäßiger Ablauf erkannt worden. Dieses mag daran liegen, daß nicht in jedem See die Verhältnisse so klar liegen wie in den von mir untersuchten. Ich habe diese Verhältnisse auch nur in oligotrophen Seen angetroffen, nie in eutrophen, z. B. im Dagowsee. Im allgemeinen ist ja auch die Erscheinung der Zyklomorphose in eutrophen Seen weniger ausgebildet als in oligotrophen. In den von mir untersuchten eutrophen Seen besteht der Xenosomenbelag von *D. limnetica* während der planktischen Phase aus Steinchen, Detritus und auch Diatomeen. Der Kragen ist bei den einzelnen Individuen unterschiedlich ausgebildet. Man kann hier jedoch keinen gesetzmäßigen Xenosomenwechsel und keine kontinuierliche Größenzunahme des

Kragens beobachten. So versteht man auch, daß in vielen eutrophen Gewässern praktisch nur das Anfangsstadium der hier dargelegten planktischen Reihe auftritt, mit mehr oder weniger stark ausgebildetem Kragen. Auch der ausdrückliche Hinweis darauf, daß *D. limnetica* im Gegensatz zu *D. hydrostatica* Quarz als Xenosomen besitzt, findet hier seine Erklärung; z. B. fand LEVANDER seine Tiere in eutrophen Seen. Auch in den oligotrophen Seen mögen Unterschiede des zyklischen Ablaufes auftreten. *D. limnetica* kommt ja bevorzugt in oligotrophen Seen vor, meidet jedoch auch eutrophe Gewässer nicht.

Es soll nun einiges über die Deutung dieser Zyklomorphose gesagt werden. Das darf nur als Versuch gewertet werden, da das Zyklomorphose-Problem sehr verwickelt ist. Die hier geäußerten Ansichten haben daher nur hypothetische Bedeutung. Die Zyklomorphose bezieht sich auf zwei Merkmale, die Kragenausbildung und den Xenosomenwechsel. Beide Vorgänge müssen getrennt gedeutet werden.

Die Kragenausbildung erreicht mit dem Temperaturmaximum des Gewässers (+18 bis 20 °C) ihren Höhepunkt. Sie ist deutlich temperaturabhängig. Nach Absinken der Temperatur bleibt sie aber zunächst erhalten. Das liegt daran, daß im Herbst keine Teilungen der Tiere mehr stattfinden. Bei Beginn einer neuen Teilungsphase im Frühjahr, nach dem Ruhestadium, verschwindet der Kragen wieder. Eine biologische Funktion des Kragens, die im Zusammenhang mit der Temperaturerhöhung steht, ist nicht ersichtlich. Damit soll nicht behauptet werden, daß sie nicht doch vorhanden sein kann. Sollte sich auch in Zukunft bestätigen, daß die zyklischen Änderungen des Kragens keine biologische Bedeutung in bezug zum Milieu haben, so ist es sehr plausibel, sie mit der WAGLERschen Theorie vom Luxurieren der Fortsätze bei optimaler Temperatur, als Ausdruck des Wohlbefindens, zu erklären (WAGLER 1936).

LIEDER (1951) hat umfangreiche Untersuchungen über diesen Gegenstand angestellt und kam zu dem gleichen Schluß. Die Untersuchungen beider Autoren beziehen sich auf die Cladoceren, lassen sich aber verallgemeinern. Bei Cladoceren und Rotatorien werden in der Regel die Fortsätze noch vor Erreichen des Temperaturmaximums wieder reduziert, was dazu beitrug, die frühere Schwebetheorie der Zyklomorphose zu entkräften. Diese Erscheinungen kann man bei *Difflugia* jedoch nicht erwarten. Hier kann erst bei erneut einsetzenden Teilungen die Reduktion erfolgen.

Die optimale Temperatur scheint sich bei *D. limnetica* über eine große Amplitude auszudehnen. VIRIEUX bezeichnet die Art als streng thermophil. Die optimale Temperatur muß diejenige sein, die zur pelagischen Lebensweise führt. Ihre untere Grenze liegt bei +15 bis 16 °C. Die obere Grenze kann ich nicht angeben; sie liegt sicherlich noch über +20 °C. Bei einer Temperatur von +6 °C ist die Art schon aktiv, aber noch nicht fähig, ins Pelagial aufzusteigen. Innerhalb der optimalen Temperaturamplitude steigt das Wohlbefinden mit zunehmender Temperatur, was sich in der Ausbildung des Kragens äußert.

Viel schwieriger als die Kragenausbildung läßt sich der Xenosomenwechsel erklären. Es kann auch dieser ein Ausdruck des Wohlbefindens sein, jedoch befriedigt diese Annahme nicht unbedingt. Die benthischen Populationen sind mit Steinchen behaftet. Man kann nun beobachten, daß die verschiedensten Testaceen, wenn sie das Sediment oder den Aufwuchs von Holz und Steinen besiedeln, die Neigung haben, sich mit Quarzkörnern zu beschweren. Die biologische Bedeutung liegt darin, einen Schutz vor passiver Verschleppung durch Gasblasen und Strömungen zu erlangen. In einer späteren Arbeit werde ich diesen Gegenstand ausführlicher erörtern. Nun gelangen die Difflugien mit dieser benthischen Anpassung ins Pelagial; hier aber ist eine Beschwerung mit Quarzkörnern sinnlos. Es ist ausdrücklich zu betonen, daß das Tripton der von mir untersuchten Seen sehr reich an Quarzkörnern ist, so daß der Xenosomenwechsel nicht aus Mangel an Quarz geschieht. Der Ersatz der Steinchen durch kleine Cyclotellen ist im Pelagial, von unserem Standpunkt aus betrachtet, sinnvoll zu nennen. Ob endogene oder exogene Ursachen überwiegen, ist nicht zu sagen; sicherlich spielen beide Ursachenkomplexe eine Rolle. Obwohl das spezifische Gewicht von Quarz und Siliziumdioxyd der Diatomeenschalen gleich ist, sind die Mengen der Substanzen unterschiedlich.

Diese hier dargelegte Deutung des Xenosomenwechsels soll keinen Anspruch auf eine gesicherte Feststellung erheben. Der Xenosomenwechsel stellt sicherlich im planktischen Reich einen Sonderfall dar und darf auch nicht als „Anpassungstheorie" für Zyklomorphose-Erscheinungen aufgefaßt werden.

6. Mengenschwankungen im Pelagial

D. limnetica ist in den großen Seen im wesentlichen epilimnisch (Rylov 1935). Järnefelt (1958) fand sie aber z. B. im Lohjanjärvi (Finnland) bis in 40 m Tiefe. In gleicher Tiefe fand Zacharias (1897) auch *D. hydrostatica*. Das Metalimnion im Lohjanjärvi lag bei 15 m Tiefe. In den von mir untersuchten Seen beschränkt sich die Art hauptsächlich auf das Epilimnion. Unter 12 m Tiefe ist sie nur noch spärlich vertreten.

Järnefelt will auch einen Tag-Nacht-Rhythmus festgestellt haben. Allerdings geschah dies auf Grund nur einer Probe und muß auch unter diesem Gesichtspunkt betrachtet werden. Ein solcher Tag-Nacht-Rhythmus würde große Anforderungen an den Schwimmechanismus stellen. Am Tage soll nach Järnefelts Angabe eine konstante Dichte bis in 40 m Tiefe herrschen; des Nachts soll es zu einer Zunahme der Difflugien an der Oberfläche kommen. Dieses konnte ich im Stechlinsee nicht bestätigen. Zu jeder Tageszeit war hier die Individuendichte konstant. Jedoch schwankt während der gesamten pelagischen Phase die Dichte erheblich (Abb. 3). Im Juni sind sehr wenig Tiere anzutreffen (ein Tier in 100 l). Die Ursache dafür ist, daß nur sehr wenige Tiere überwintern und die benthischen Populationen keine sehr großen Dichten erreichen. Die Tiere leben im Litoral und steigen dann in das im Verhältnis zum Litoral mächtige Pelagial auf. Während der optimalen Temperaturen im Pelagial kommt es zu raschen Teilungsfolgen, wodurch der steile Kurvenanstieg erklärt werden kann. Mit der Generationenfolge kommt es auch zum Xenosomenwechsel, so daß also Dichtemaximum und zyklomorphes Höchststadium zusammenfallen müssen. In dieser Phase kommt es sehr häufig zu Plasmogamien, ein Zeichen des physiologischen Wohlbefindens.

Beim Sinken der Temperatur im September sterben viele Tiere ab. Dadurch fällt die Kurve sehr steil ab. Auch im Laufe des Sommers findet man immer einige leere Schalen. Im Oktober ist das Plankton difflugienleer. Einige Individuen

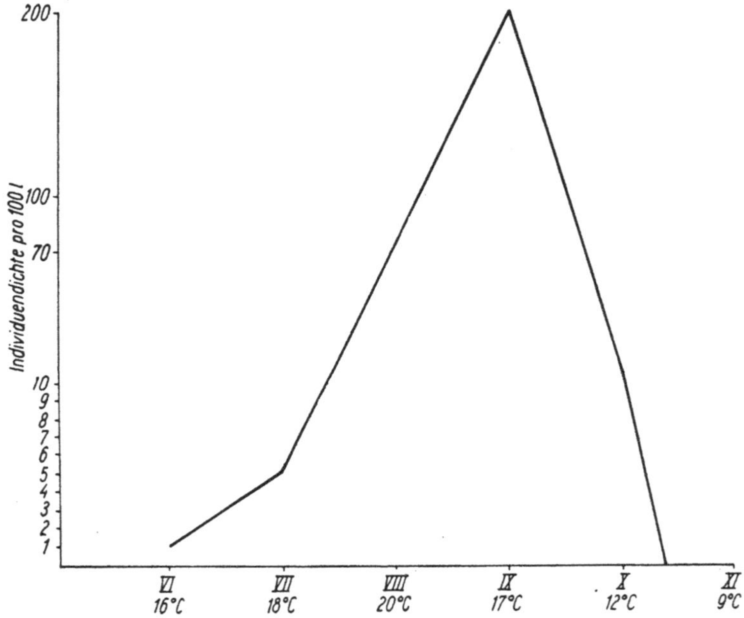

Abb. 3. Individuendichte von *Difflugia limnetica* während der planktischen Phase.

sind aktiv ins Benthal abgestiegen und enzystieren sich. Nach Durchlaufen einer aktiven benthischen Phase im Frühjahr steigen sie im Sommer wieder ins Pelagial auf und beginnen den Zyklus von neuem.

7. Zusammenfassung

Es wurde versucht, *Difflugia limnetica* eindeutig von den verwandten Arten abzugrenzen, da gerade bei dieser Art die Möglichkeit einer Verwechslung mit anderen Arten groß ist. Ferner ist es wichtig, bei der Erörterung von Planktismus und Zyklomorphose sich auf eine eindeutig definierte Form zu beziehen.

D. limnetica steigt im Juni ins Pelagial auf und verschwindet im Oktober wieder. Ein großer Teil der Tiere stirbt ab; einige Tiere begeben sich jedoch aktiv ins Benthal (Litoral) und enzystieren sich. Im Frühjahr bilden sie benthische Populationen, die im Sommer wieder ins Pelagial aufsteigen. Dieser benthoplanktische Zyklus ist eine bisher noch nicht beschriebene Form des Planktismus. Mit diesem

Planktismus ist eine Zyklomorphose verknüpft, die sich auf die Ausbildung eines Kragens und den Xenosomenwechsel erstreckt. Die Tiere treten im Juni im Plankton mit einer kragenlosen Schale auf, welche mit Steinchen belegt ist. Mit steigender Temperatur wird ein Kragen ausgebildet. Im gleichen Maße werden die Steinchen durch Cyclotellen ersetzt. Erst zu Beginn der benthischen Frühjahrsphase wird der Kragen wieder reduziert und die Cyclotellen werden durch Steinchen ersetzt. Somit greift die Zyklomorphose auf die benthische Phase über. Es ist dies der erste Fall einer Zyklomorphose bei Protozoen. Eine Deutung der Zyklomorphose wurde versucht.

Das Aufsteigen ins Pelagial geschieht mit Hilfe von Gasvakuolen und der Bildung von Ölkugeln aus der Nahrung während der benthischen Frühjahrsphase. Die Ölkugeln werden am Ende der planktischen Phase verdaut, was ein Absinken begünstigt. Gleichzeitig dient dieses „hydrostatische" Fett als Energiequelle für die Zystenphase.

D. limnetica ist im wesentlichen auf das Epilimnion beschränkt. Durch erhöhte Teilungsfolge zu Beginn der planktischen Lebensweise kommt es zu einem steilen Anstieg der Individuendichte. Bei Absinken der Temperatur im September sterben viele Tiere ab; einige aber begeben sich aktiv ins Benthal. Im Benthal bewohnen sie bevorzugt das Litoral.

Literatur

Asper, G. und Heuscher, J., 1887: Zur Naturgeschichte der Alpenseen. Jber. der St. Gall. naturwiss. Gesellschaft, 145—187.

Awerintzew, S., 1906: Die Süßwasserrhizopoden. Lief. 1 und 2. Trav. de la Soc. Imp. Naturalistes St. Petersbourg **36,** 1—351. Russisch mit deutscher Zusammenfassung.

Brand, Th. von, 1935: Der Stoffwechsel der Protozoen. Ergebn. der Biol. **12,** 161—220.

Decloître, L.: 1954: Mission A. Villiers au Togo et au Dahomey (1950). Rhizopodes. Bull. de I.F.A.N., **16,** Serie A, 89—125.

Garbini, A., 1898: Due nuovi Rhizopodi limnetici (*Difflugia cyclotellina — Heterophrys Pavesii*). Zool. Anz. **21,** 667—670.

Gauthier-Lièvre, L. und Thomas, R., 1958: Les Genres *Difflugia, Pentagonia, Maghrebia* et *Hoogenraadia* (Rhizopodes testacés) en Afrique. Arch. Protistenk. **103,** 241—370.

Grospietsch, Th., 1957: Beitrag zur Rhizopodenfauna des Lago Maggiore. Arch. Hydrobiol. **53,** 323—331.

Heuscher, H., 1916: Das Zooplankton des Zürichsees mit besonderer Berücksichtigung der Variabilität einiger Plankton-Cladoceren. Arch. Hydrobiol. **11,** 1—81 und 153—240.

Jacobs, W., 1944: Das Problem des spezifischen Gewichtes bei Wassertieren. Arch. Hydriobiol. **39,** 432—457.

Järnefelt, H., 1958: Über die vertikale Tag- und Nachtverteilung des Planktons im Lohjanjärvi. Hydrobiologia **10,** 175—181.

Jung, W., 1942: Südchilenische Thekamöben. Arch. Protistenk. **95,** 253—356.

Kühn, G., 1940: Zur Ökologie und Biologie der Gewässer (Quellen und Abflüsse) des Wassersprengs bei Wien. Arch. Hydrobiol. **36,** 157—262.

Levander, K. M., 1900: Zur Kenntnis der Fauna und Flora finnischer Binnenseen. Acta Soc. pro Fauna et Flora Fennica, **19,** 1—55.

Lieder, U., 1951 a: Beiträge zur Kenntnis des Genus Bosmina. I. *Bosmina coregoni thersites* Poppe in den Seen des Spree-Dahme-Havelgebietes. Arch. Hydrobiol. **44,** 77—122.

— 1951 b: Der Stand der Zyklomorphoseforschung. Naturwissenschaften, **38,** 39—44.

MARGALEFF, R., 1955: Contribución al estudio de la fauna de las aquas dulces del Novoeste de Espana. Publ. Inst. Biol. Apl. **21**, 139—142.
MINKIEVICZ, R., 1900: Petites études morphologiques sur le Limnoplankton. Zool. Anz. **23**, 618—623.
OYE, P. VAN, 1953: Faune Rhizopodique d l'Étang de Beernem. Biol. Jaarboek. **20**, 154—205.
PENARD, E., 1902: Faune rhizopodique du bassin du Léman. Genf, Kündig. 714 S.
— 1908: Catalogue des Invertébrates de la Suisse. **1**, Sarcodines. Genf.
PLAYFAIR, G. J., 1918: Rhizopods of Sidney and Lismore. Proc. Linn. Soc. N. S. Wales **42**, 633—675.
RHUMBLER, L., 1896: Beiträge zur Kenntnis der Rhizopoden. III, IV, V. Zeitschr. f. wiss. Zool. **61**, 38—110.
RYLOV, W. M., 1935: Das Zooplankton der Binnengewässer. Die Binnengewässer **15**, 272 S.
SLÁDEČEK, V., 1951: Le zooplancton de l'étang-lac de Macha et deux autres étangs voisins (Bohème du Nord). Casopis Narodniko musea, odd. přir. 120, **1**, 29—34.
ŠTĚPÁNEK, M., 1952: Testacea of the Pond of Hrádku u Kunratic (Prague). Sborn. Narod. Musea u Praze 8, 1—55.
ŠTĚPÁNEK, M. und JIŘI, J., 1958: *Difflugia gramen* PENARD, *Difflugia gramen* var. *achlora* PENARD and *Difflugia gramen* f. *globulosa* f. n. Morphometrical and Statistical Study. Hydrobiologia **10**, 2—37.
THOMAS, R. und MABILLE, J., 1956: Rhizopodes thecamoebiens observés dans le département de l'Aisne. Cahiers des Naturalistes **12**, 26—32.
VIRIEUX, J., 1913: Plancton du Victoria Nyanza. In: Voyage de Ch. Allnaud et R. Jeannel en Afrique Orientale. Paris, 12—13.
—, 1916: Recherches sur le plankton des lacs de Jura Central. Ann. Biol. lacustre 8, 5—192.
WAGLER, E., 1936: Die Systematik und geographische Verbreitung des Genus *Daphnia* O. F. Müller mit besonderer Berücksichtigung südafrikanischer Arten. Arch. Hydrobiol. **30**, 505—556.
WESENBERG-LUND, C., 1904: Studier over de Danske Søers plankton, 1908. Plankton Investigations of the Danish Lakes. Kopenhagen.
— 1952: De danske Søers og Dammes Dyriske Plankton. Kopenhagen. 182 S.
ZACHARIAS, O., 1897: Neue Beiträge zur Kenntnis des Süßwasserplanktons. Forschungsber. Biol. Station Plön **5**, 1—9.
ZUELZER, M., 1904: Beiträge zur Kenntnis der *Difflugia urceolata* CARTER. Arch. Protistenk. **4**, 240—295.

Anschrift des Verfassers:

Dr. rer. nat. WILFRIED SCHÖNBORN,
Jena-Lobeda, Alte Landstraße 3

Limnologica (Berlin)	1	1	1962	35—44

Aus der Forschungsstelle für Limnologie
der Deutschen Akademie der Wissenschaften zu Berlin, Jena-Lobeda
Leiter: Dozent Dr. habil. TH. SCHRÄDER

DIETRICH FLÖSSNER

Zur Ökologie der Bergbachtrikladen im Erzgebirge

Mit 4 Abbildungen

Seit den grundlegenden Arbeiten von WALTER VOIGT (1895 bis 1905) in den rheinischen Schiefergebirgen sind die Bachtrikladen Gegenstand zahlreicher faunistisch-ökologischer Untersuchungen gewesen, die alle zu übereinstimmenden Ergebnissen geführt haben.

Verfolgt man einen unter natürlichen Bedingungen stehenden Gebirgsbach, so finden sich im allgemeinen die drei typischen Bachtrikladen *Crenobia alpina* (DANA), *Polycelis felina* (DALYELL) und *Dugesia gonocephala* (DUGÈS) vikariierend auf die thermischen Hauptzonen Quellregion, Ober- und Unterlauf verteilt. Dabei ist die Temperaturkorrelation für die Festlegung der Verbreitungsgrenzen innerhalb eines Baches allein nicht maßgebend; sie wird vielmehr von biozönotischen und hydrographischen Faktoren überlagert, in deren Gefolge das allgemeine Verbreitungsschema vielfältig abgewandelt wird.

Es darf als sehr wahrscheinlich angenommen werden, daß in den Mittelgebirgen ein Verdrängungsprozeß die ökologischen Temperaturbereiche bestimmt, so daß jede der drei Arten, ganz besonders aber *Crenobia alpina*, nicht über die ihr eigene ökologische Potenz bis zu den Extremwerten der Amplitude voll und ganz verfügt.

Die im Kerngebiet ihrer Verbreitung, in den Alpen, euryöke und eurytherme *Crenobia alpina* (sie verträgt hier noch tägliche Temperaturschwankungen von 0—20 °C, vgl. STEINBÖCK 1942) wird im Grenzgebiet, in den Mittelgebirgen, ein stenothermer, regional stenotoper Bewohner kalter Quellen und Bachanfänge. Dabei werden die Quellen nicht etwa wegen der ausgesprochenen Vorliebe für niedere Temperaturen, sondern wegen der Konkurrenzarmut dieses Biotops aufgesucht. Bekräftigt wird diese Ansicht durch eigene Befunde im Erzgebirge, wo in einzelnen Fällen die Konkurrenzarmut der Quellen nicht an deren niedere Temperaturen, sondern an den Faktor Wassermenge geknüpft ist. Seichte, periodisch versiegende Quellrinnsale bleiben der aufsteigenden *Polycelis* in der Regel verschlossen, obwohl die Temperaturen in heißen Sommern Werte von 16—20 °C erreichen können. Und doch enthalten diese Rinnsale mitunter die

Alpenplanarie, weil bei herabgeminderter Konkurrenz der ökologische Temperaturbereich erweitert wird.

Der verbreitungsregulierenden Wirkung des pH-Wertes ist bislang wenig Beachtung geschenkt worden (vgl. VAN OYE 1942). Das mag vor allem daran liegen, daß in den bisher untersuchten Gebieten die Reaktion des Wassers nur geringfügig vom Neutralpunkt abweicht. In den sehr weichen und teilweise äußerst gering gepufferten Gewässern des Erzgebirges sinkt der pH-Wert stellenweise bis in den stark sauren Bereich ab, so daß hier das differenzierte Verhalten der drei Bachplanarien gegenüber diesem Milieufaktor schärfer hervortritt.

Die Untersuchungen über die Planarienverbreitung wurden im oberen Flußgebiet der Flöha durchgeführt. Am allgemeinen geologischen Aufbau dieses Gebietes nehmen vornehmlich kristalline Schiefer des Grundgebirges teil, die sich petrographisch grob in die Grau- und Rotgneise gliedern lassen. Der Graue Gneis leitet sich ab von einem kalkbetonten granodioritischen Gestein, das ziemlich rasch der Verwitterung unterliegt. So erklären sich die für Urgebirge recht hohen Kalkgehalte von 15—28 mg/l CaO im Bachwasser. Der Kalk liegt überdies zu einem nicht unbeträchtlichen Teil als Hydrogenkarbonat vor (SBV 0,2—0,4), offenbar ausreichend, um das Angebot an säurebildenden Stoffen der Bodenlösung, vor allem Humusstoffe und Sulfate, ohne wesentliche Erniedrigung des pH abzufangen. Hierbei wirken die günstigen bakteriellen Umsetzungen in den Böden des Graugneises mit. Diese werden vornehmlich landwirtschaftlich genutzt oder sind an den schluchtartig eingesenkten Talhängen von einem artenreichen Laubmischwald bestockt. Beide Nutzungsformen liefern einen gut zersetzten Humus, in dem der relativ hohe Basengehalt den größten Teil der sauren Bodenlösung neutralisiert.

Der Rotgneis ist hingegen aus einem kalibetonten sauren granitischen Gestein hervorgegangen, das infolge seiner Kalkarmut und der schweren Verwitterbarkeit nur sehr geringe Mengen löslicher Bestandteile liefert. Das SBV liegt bei einem durchschnittlichen Kalkgehalt von 12—15 mg/l CaO unter 0,15. Der Anteil der für die Pufferung maßgebenden Bikarbonationen hat sich also gegenüber den Bächen des Graugneises verringert und die Gefahr der Versauerung ist infolge der ungünstigen bodenchemischen Umsetzungen jederzeit gegeben. Die kalkarmen Silikatböden des Roten Gneises werden von artenarmen Buchenwäldern oder eintönigen, großflächigen Fichtenforsten bedeckt, die einen mittleren bis stark sauren Rohhumus liefern. In diesen ungünstigen Humusformen entstehen durch die Tätigkeit der Mikroorganismen laufend Mineralsäuren (vorwiegend Schwefelsäure) und organische Säuren (Oxycarbon- und Huminsäuren), die des Basenmangels wegen nicht völlig neutralisiert werden können (STREMME 1950). Sie führen, durch Absickern mit der Bodenlösung in die Tiefe gelangt, zu einer Zunahme der sauren Reaktion im Grundwasser, weil in dem kaum gepufferten Wasser schon kleinste Mengen einer H-Ionen abspaltenden Substanz genügen, um eine erhebliche Senkung des pH hervorzurufen.

In den Bächen des Buchengebietes erreicht die aktuelle Reaktion auf diese Weise Werte von 5,0 bis 5,8 und kann im Fichtengebiet in extremen Fällen bis auf 4,25 absinken. Die Gründe für derartige extrem saure Werte sind in kulturellen Veränderungen der Quellgebiete, also in exogenen Faktoren, zu suchen. Der Niederschlagsreichtum und die geringe Neigung der Quellgebiete führen häufig zu deren Vermoorung. Die in Torfböden vorhandenen sulfidischen Eisenverbindungen können bei Zutritt von Luftsauerstoff zu Lieferanten von Sulfaten und Schwefelsäure werden, worauf OHLE (1936) am Beispiel des schwefelsauren Tonteiches bei Reinbeck hingewiesen hat. Im Erzgebirge sind aus forstwirtschaftlichen Gründen vielfach die staunassen Torfböden entwässert worden, so daß infolge Absenkung des Grundwasserspiegels der Luftsauerstoff freien Zutritt zum Schwefeleisen hat und es zu Sulfaten bzw. Schwefelsäure oxydiert.

Der Unterschied im Chemismus der Bäche spiegelt sich nun ganz eindeutig in der Verbreitung der Planarien wider.

Dugesia gonocephala bewohnt mit unverkennbarer Vorliebe die kalkreicheren Bäche des Graugneises, in denen der pH-Wert nicht unter 6,0 absinkt, während sie selbst in die größeren Bäche des Roten Gneises, deren Unterläufe *Polycelis* wohl infolge zu hoher Sommertemperaturen (16—18 °C) teilweise geräumt hat, nicht einzudringen vermochte oder aber aus ihnen wieder verschwunden ist. Für die letztere Annahme spricht die Beobachtung, daß sich die Art in den Nebenbächen des Graugneises findet, während sie im sauren Hauptbach, der das Fichtengebiet auf Rotgneis durchfließt, fehlt. Vermutlich sind die Planarien hier nachträglich durch zunehmende Versauerung ausgestorben, denn die Möglichkeit der Einschwemmung saurer Humusstoffe besteht erst seit dem großflächig betriebenen Anbau der Fichte, d. h. seit etwa 100 Jahren.

Im Gegensatz zu den Bächen des Graugneises werden die Gewässer im Fichtengebiet auf Rotgneis von der gegen Versauerung sehr widerstandsfähigen *Polycelis* beherrscht (Abb. 1). Sinkt der pH-Wert in den Quellgebieten unter 5,1, so verschwindet selbst *Crenobia alpina* bis auf einzelne Restkolonien aus den Bachanfängen, wie im Dörfelbach (Abb. 2), wo nur die Quelle A mit einem pH-Wert von 5,06 eine spärliche Population der Alpenplanarie beherbergt. Sie findet sich hingegen in fast allen Gehänge-Rheokrenen und Rand-Helokrenen der schmalen Talsohle außerhalb des Fichtengebietes. Der pH-Wert sinkt hier nicht unter 5,7 ab.

Im kalkhaltigen, schwach sauren Seiffenbach (pH 6,63; SBV 0,27 bis 0,38; CaO 19,2 bis 22 mg/l; MgO 8,1 bis 9,8 mg/l; GH d° 3,03 bis 3,56) ist die Alpenplanarie sogar bis in den Unterlauf verbreitet, allerdings vermischt mit *Polycelis* (Abb. 3).

Der Seiffenbach entspringt auf einer sanft geneigten, von Fichtenforsten bestockten Hochfläche in etwa 740 m NN. In mehreren tief gezogenen Gräben sickert das Wasser aus anmoorigem Boden zusammen. Es ist kalkarm (CaO 5 mg/l) und extrem sauer (pH-Wert 5,0); Planarien fehlen vollkommen. Sie treten erstmals 425 m unterhalb der Quellgräben vereinzelt auf, und zwar lebt hier nur *Polycelis felina*. In einer linken, am Rande einer Lichtung gelegenen Seitenquelle lebt neben zahlreichen *Polycelis* ganz vereinzelt *Crenobia alpina*, die auch im Hauptbach in einzelnen, spärlich entwickelten Restkolonien vorkommt. Sie findet sich regelmäßig und etwas zahlreicher erst, nachdem der Bach den Wald verlassen hat und in einem flachen Wannental den Seiffener Ortsteil Heidelberg durchfließt. Die Planarien halten sich, da das Bachbett begradigt und mit festlagernden Steinen ausgelegt ist, unter den im Wasser flutenden *Glyceria*-Blättern auf. Das Wasser strömt mit großer Geschwindigkeit zu Tal, besitzt aber infolge ungehinderter Sonneneinstrahlung recht hohe Sommertemperaturen; so am 12. 7. 1957 400 m unterhalb der Quellgräben im Walde 9,7 °C, weitere 450 m abwärts außerhalb des Waldes 13,3 °C und an der Einmündung des Glashütten-

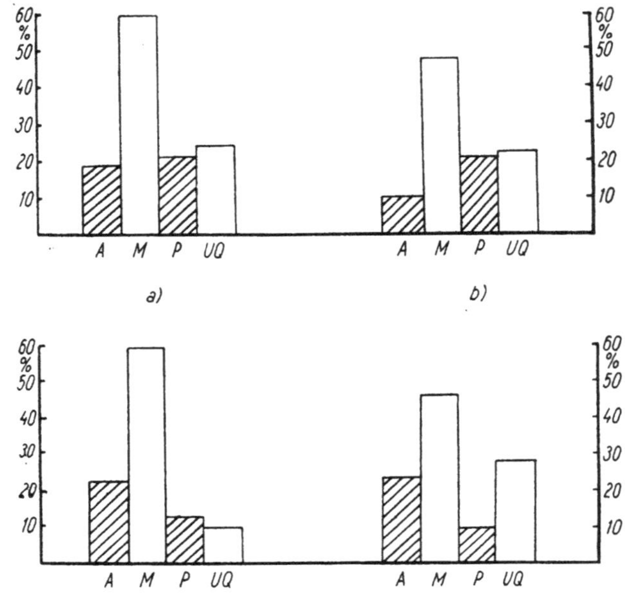

Abb. 1. Die Trikladenfauna der erzgebirgischen Quellen.
a) Anzahl der Quellen insgesamt b) Fichtenwaldquellen c) Laubwaldquellen d) Wiesenquellen
A = Alpinaquellen, M = Mischquellen, P = *Polycelis*quellen, UQ = Unbesiedelte Quellen.

baches 15,0 °C. *Crenobia alpina* nimmt bis zu dieser Stelle weiter zu und ist hier schon häufiger als *Polycelis*. Allerdings wird das Verbreitungsgebiet beider Planarien durch das vom Bach durchflossene Seiffener Schwimmbad und den streckenweise unterirdisch geführten Bachlauf in einzelne Teilstücke zerrissen.

Der rechts einmündende etwa 1,5 km lange Glashüttenbach zeigt im wesentlichen das gleiche Verbreitungsbild: *Polycelis* und *C. alpina* gleich häufig von der Quelle bis zur Mündung. Das in Wiesen gelegene Quellgebiet bewohnen die Planarien in Massen. Sie sitzen, da Steine fehlen, in den Gräben an Wurzeln, Blättern und Sprossen von *Glyceria fluitans* und *Chaerophyllum hirsutum*. Auch an abgestorbenen und von Detritus bedeckten Pflanzenteilen kriechen die Tiere umher. Im Bach nimmt die Alpenplanarie abwärts nicht zu, was bei der überaus dichten Besiedlung der Quellregion kaum zu erwarten ist. Auch dieser Bach erwärmt sich im Sommer ziemlich stark: am 12. 7. 1957 im Quellgraben 8,5 °C; 375 m unterhalb 12,5 °C.

Nachdem der Hauptbach die Ortschaft Seiffen durchflossen hat, tritt er in das enge, steile, beiderseits bewaldete Erosionstal des Seiffener Grundes ein. Das Wasser wird infolge Beschattung und Zufluß kalten Stollenwassers aus einem alten, längst verfallenen Zinnbergwerk abgekühlt, so daß die Sommertemperaturen 13 °C nicht überschreiten. Der Bach ist durch häusliche Abwässer leicht verschmutzt; die Steine sind von einer schlüpfrigen, von organischen Zerfallsprodukten durchsetzten Schlammschicht bedeckt, und in den Moosbüscheln hat sich detritusreicher Sand abgesetzt. Die Fauna ist arten- und individuenreich. Auf der Unterseite der Steine sitzen *Ancylus fluviatilis*, *Glossiphonia complanata* und in großer Zahl *Herpobdella* spec. Rhyacophiliden-Larven streifen nahrungssuchend umher. Die Schlammschicht der Steine durchziehen zahlreiche Wohngänge von Orthocladiinen-Larven. *C. alpina* ist noch immer sehr häufig, während *Polycelis* nur spärlich auftritt. An zwei Probestellen wurden unter je 10 etwa gleich großen Steinen 147 *Crenobia* und 19 *Polycelis* beziehungsweise 334 *Crenobia* und 15 *Polycelis* gezählt.

Etwa 400 m unterhalb der Glöcknermühle liegt die obere Verbreitungsgrenze des reinen *gonocephala*-Gebietes, dem sich bachaufwärts ein 210 m langes Mischgebiet anschließt, in dem alle drei Bachtrikladen gemeinsam vorkommen. *C. alpina* überwiegt auch hier deutlich, *Polycelis* und *Dugesia* finden sich weitaus seltener. An das Mischgebiet schließt sich bachabwärts unmittelbar die reine *gonocephala*-Region, ohne daß sich eine Mischzone mit *Polycelis* und *Dugesia* ausbildet, die sich normalerweise vor das Verbreitungsgebiet der Alpenplanarie einschiebt. Der Bach erhält im Seiffener Grund zwei kleinere linke Zuflüsse, in denen die Alpenplanarie auf die Quellregion beschränkt bleibt.

Der Versuch, dieses ungewohnte Bild der Verbreitung mit Hilfe einzelner an den Fundplätzen herrschender Umweltbedingungen, etwa der Temperatur, zu erklären, stößt auf Schwierigkeiten. Denn die verschiedenen ökologischen Faktoren eines Baches wirken nicht isoliert voneinander auf die Organismen ein, sondern stellen einen Komplex dar, dessen Wirkungsgrad selbst wieder mit dem Gesamtgefüge der Landschaft verbunden ist. In dem Schema (vgl. S. 42) sind die komplexen Umweltbeziehungen von *Crenobia alpina* am Beispiel des Seiffenbaches dargestellt.

Im Unterlauf sind die jährlichen Temperaturschwankungen infolge der inversen Temperaturänderung gemindert. Die Ursachen für die invers geänderten Temperaturen sind in der Art der Talbildung (Gesteinsuntergrund → Orographie) zu suchen: Quellgebiet = flache, entwaldete Mulde; Unterlauf = schluchtartig eingesenkt, mit dicht bewaldeten Talhängen (Waldbau → Belichtung). Zudem wird die Temperatur im Unterlauf durch die Zufuhr kalten Stollenwassers herabgesetzt (Menschliche Kultur). Die geminderten Temperaturgegensätze — sie betragen immerhin 10 bis 12 °C — reichen zur Erklärung der Erhaltung der kaltstenothermen Alpenplanarie neben *Polycelis* und *Dugesia* im Unterlauf eines

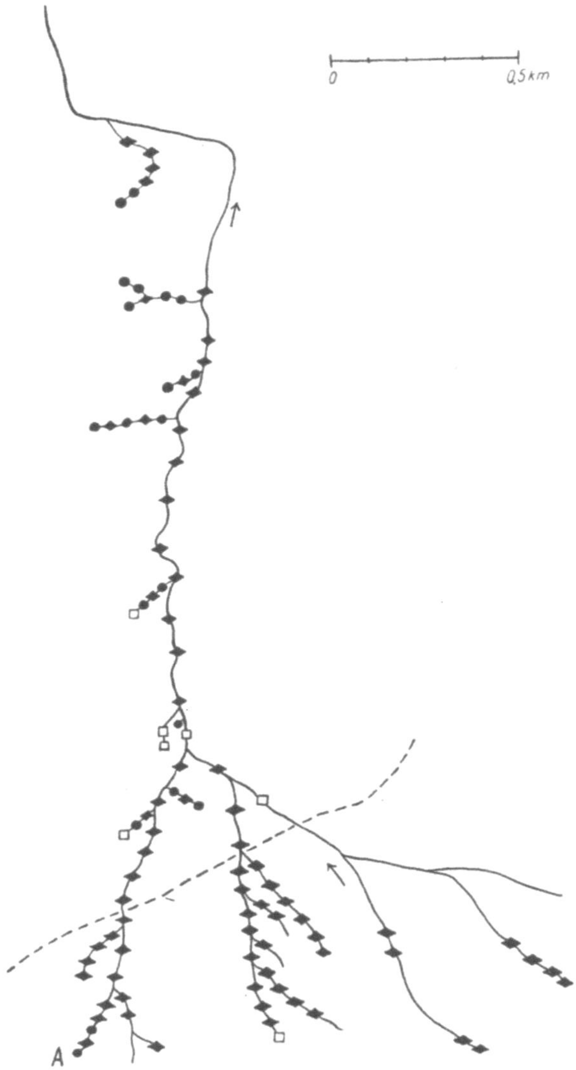

Abb. 2. Die Verbreitung der Bachtrikladen im Gebiet des Dörfelbaches. ● *Crenobia alpina*, ◆ *Polycelis felina*, □ *Dendrocoelum hercynicum*, - - - Grenze des Fichtengebietes.

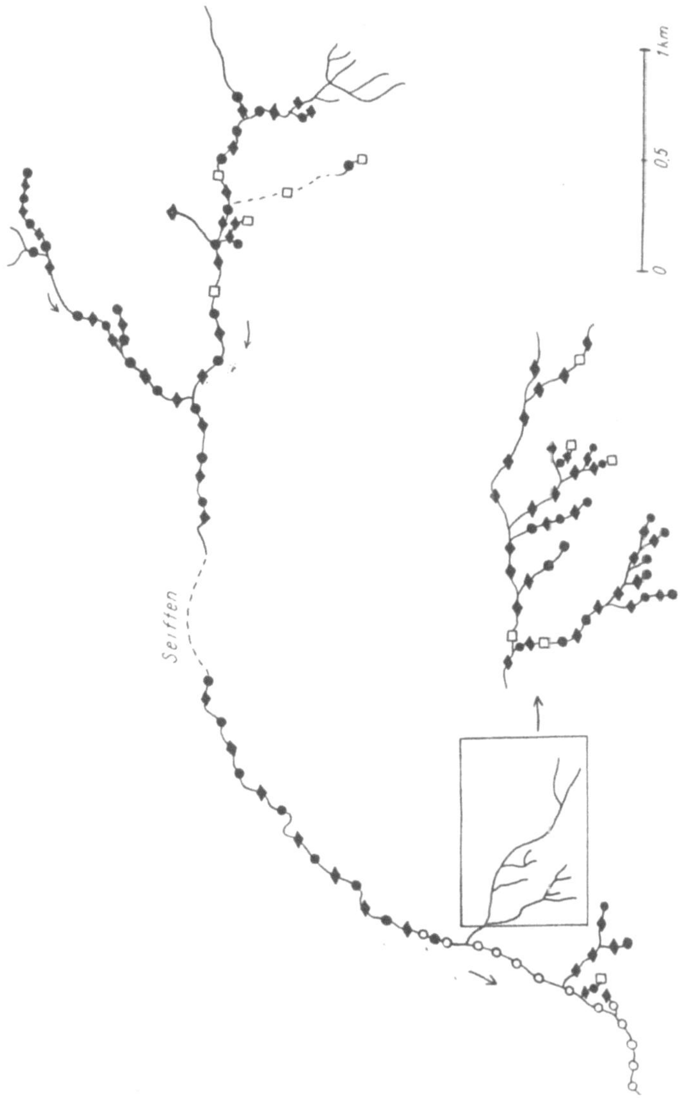

Abb. 3. Die Verbreitung der Bachtrikladen im Gebiet des Seiffenbaches. ● *Crenobia alpina*, ◆ *Polycelis felina*, ○ *Dugesia gonocephala*, □ *Dendrocoelum hercynicum*.

Mittelgebirgsbaches, 4 km von der Quelle entfernt, nicht aus. Es müssen weitere günstige Faktoren hinzutreten, wie die nur schwach saure aktuelle Reaktion, der relativ hohe Kalkgehalt und der Nahrungsreichtum des Wassers. Der günstige pH-Wert wird durch die bei dem geringen Angebot an säurebildenden Stoffen aus dem milden Humus der Buchenmischwälder auf Graugneis offenbar ausreichende Pufferung des Wassers bedingt. Der relativ hohe Kalkgehalt hängt vom Gesteinsuntergrund ab (Grauer Gneis) und bedingt teilweise auch den Nahrungsreichtum. Im übrigen aber ist dieser auf die Zufuhr häuslicher Abwässer zurückzuführen, deren Menge aber so gering ist, daß bei der tiefen Temperatur und der starken Strömung keine größere Sauerstoffzehrung eintritt. Im Seiffenbach wird also

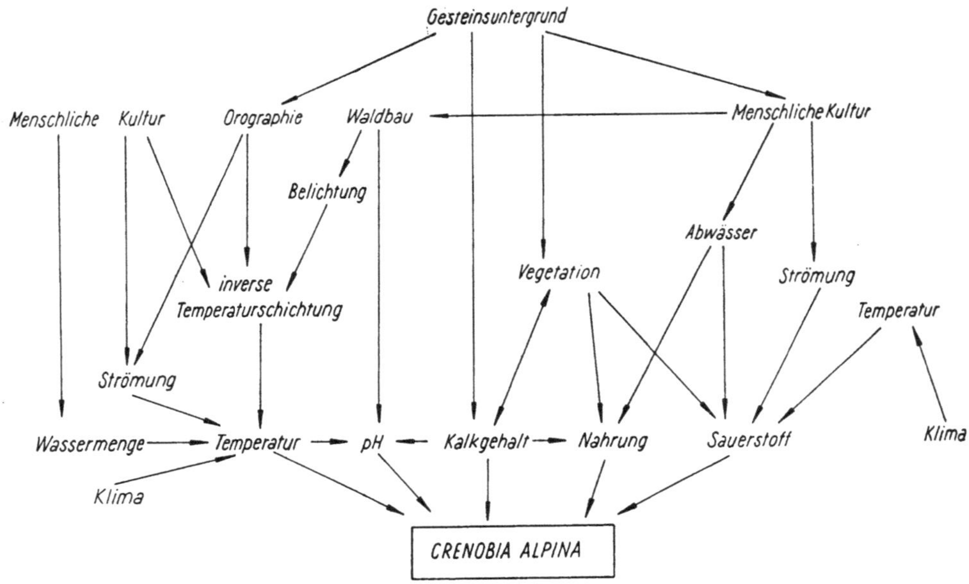

die nach LIEBMANN (1951) oligosaprobe Alpenplanarie, wohl durch optimale Konstellation der übrigen ökologischen Faktoren, durch Abwassereinwirkung nicht geschädigt, sondern geradezu gefördert.

Das Beispiel des Seiffenbaches gibt uns so einen Einblick in die verwickelten und vielfältigen Umweltbeziehungen der Alpenplanarie, wobei die einzelnen verbreitungsregulierenden Faktoren mit einem höheren Beziehungskomplex überorganischer und landschaftsökologischer Faktoren ursächlich verknüpft sind.

Außer den drei typischen Bachtrikladen tritt im oberen Flußgebiet der Flöha eine im Grundwasser des Erzgebirges offenbar weit verbreitete milchweiße, blinde Dendrocoelide auf (Abb. 4).

Zum Vorkommen von *Dendrocoelum hercynicum* mihi ist einleitend kurz folgendes zu sagen: Im Jahre 1942 entdeckte CHAPPUIS mit einer von ihm erdachten Methode, der sog. Ufergrabung, einen neuen Lebensraum des unterirdischen

Wassers, den hyporheischen Bezirk, wie er jetzt allgemein genannt wird (ORGHIDAN 1959, SCHWOERBEL 1961). Dieser Biotop wird durch die mit Wasser getränkten Zwischenräume der Schotter- und Kiesablagerungen im Bereich der Flußbetten und Talauen gebildet. Das Wasser stammt entweder nur aus dem Wasser des Flusses durch die als „underflow" bekannte Erscheinung oder auch aus dem phreatischen Grundwasser der Terrassen, das gegen den Fluß hin fließt.

Nach den vorläufigen Untersuchungsergebnissen erscheint nun *Dendrocoelum hercynicum* als ein hyporheophiler Bewohner dieses interstitiellen Grundwassers fluviatiler Schotter und Kiese, der ursprünglich wohl der eigentlichen Grundwasserfauna angehört hat. Für die unterirdische Herkunft sprechen einmal die Merkmale der Pigmentlosigkeit und des vollständigen Verschwindens der Augen, zum anderen das regelmäßige Vorkommen imGrundwasser der Spalten und des Gehängeschuttes. Die Art besiedelt aber nicht nur die verschiedenen Formen des Grundwassers, sie lebt vielerorts auch oberirdisch in Quellen, seltener im Bachwasser.

Abb. 4. *Dendrocoelum hercynicum* mihi. Habitusbild. Vergr. 4fach.

In den kräftig fließenden nahrungsarmen Gehänge-Rheckrenen vermögen sich die Tiere unter dem Zwang der Strömung nur schwer zu behaupten. Hier sind sie zwar regelmäßig, aber nur vereinzelt zu finden. Vermutlich weist ihr ständiges Vorkommen in den Sturzquellen auf deren gleichmäßige und starke Wasserführung hin. Optimale Lebensbedingungen scheint *D. hercynicum* in den lauberfüllten, schwach sickernden Quellen im Bereich der fluviatilen Sedimentaufschüttungen zu finden. Doch unterliegt das Vorkommen in solchen detritusreichen und Unterschlupf bietenden Quellen mitunter auffallenden Mengenschwankungen, die durch den Wechsel in der Wasserführung bedingt sind.

Die hyporheische Dendrocoelide kommt vereinzelt auch im Oberflächenwasser der Bäche vor. In den meisten Fällen wird sie dahin passiv durch Hochwasser eingeschwemmt sein. Es gibt aber auch Vorkommen, wo eine Einschwemmung offenbar nicht vorliegt, sondern wo die Tiere aktiv in das Oberflächenwasser des Flusses übergewechselt sind. Hier stehen sie jedoch ständig unter dem Zwang der Strömung, der bei Hochwasser voll zur Geltung kommt und der ihrem oberirdischen Vorkommen im Bachwasser den Ausdruck zeitlicher Unbeständigkeit verleiht.

Literatur

CHAPPUIS, P. A., 1942: Eine neue Methode zur Untersuchung der Grundwasserfauna. Acta Sc. Math. Nat. Univ. Francilo-Josephina **6**, 1—7.

FLÖSSNER, D., 1959: *Dendrocoelum hercynicum* nov. spec., eine neue Triklade (Turbellaria) aus dem Grundwasser Sachsens. Zool. Anz. **163**, 302—306.

LIEBMANN, H., 1951: Handbuch der Frischwasser- und Abwasserbiologie. Bd. 1. Oldenbourg, München. 529 S.

OHLE, W., 1936: Der schwefelsaure Tonteich bei Reinbeck. Monographie eines idiotrophen Weihers. Arch. Hydrobiol. **30**, 604—662.

ORGHIDAN, TR., 1959: Ein neuer Lebensraum des unterirdischen Wassers: der hyporheische Biotop. Arch. Hydrobiol. **55**, 392—414.

OYE, E. L. VAN, 1942: Verbreitung und Ökologie der paludicolen Trikladen in Belgien. Arch. Hydrobiol. **38**, 110—147.

SCHWOERBEL, J., 1961: Über die Lebensbedingungen und die Besiedlung des hyporheischen Lebensraumes. Arch. Hydrobiol., Suppl. **25**, Falkau-Schriften **4**, 182—214.

STEINBÖCK, O., 1942: Das Verhalten von *Planaria alpina* Dana in der Natur und im Laboratoriumsversuch. Mem. Ist. Ital. Idrobiol. **1**, 63—75.

STREMME, H. F., 1950: Die Schwefelsäure im Säurehaushalt der Waldböden. Z. Pflanzenern. **50**, 89—99.

VOIGT, W. 1895: *Planaria gonocephala* als Eindringling in das Verbreitungsgebiet von *Planaria alpina* und *Polycelis cornuta*. Zool. Jahrb. Abt. Syst. **8**, 131—176.

— 1896: Die Einwanderung der Planariaden in unsere Gebirgsbäche. Verh. Nat. Ver. preuß. Rheinl. **53**, 103—148.

— 1901: Die Ursache des Aussterbens von *Planaria alpina* im Hunsrückgebirge und von *Polycelis cornuta* im Taunus. Verh. Nat. Ver. preuß. Rheinl. **58**, 223—246.

— 1904: Über die Wanderungen der Strudelwürmer in unseren Gebirgsbächen. Verh. Nat. Ver. preuß. Rheinl. **61**, 103—178.

— 1905: Die Ursachen des Aussterbens von *Planaria alpina* im Hunsrück und im Hohen Venn. Verh. Nat. Ver. preuß. Rheinl. **62**, 179—205.

Anschrift des Verfassers:

Dipl.-Biol. DIETRICH FLÖSSNER
Jena-Lobeda, Alte Landstraße 3

Limnologica (Berlin)	1	1	1962	45—49

Aus der Forschungsstelle für Limnologie
der Deutschen Akademie der Wissenschaften zu Berlin, Jena-Lobeda
Leiter: Dozent Dr. habil. TH. SCHRÄDER

HANS-DIETRICH BABENZIEN

Probleme und Aufgaben der Hydrobakteriologie

Mit 1 Abbildung und 1 Tabelle

Im Jahre 1927 schrieb THIENEMANN in einem Bericht über die Tätigkeit der Hydrobiologischen Anstalt Plön folgende Worte: „Das, was vor allem ein tiefes Bedürfnis der Limnologie ist — und seine Befriedigung würde auch vielen Nachbardisziplinen zugute kommen —, ist ihr Ausbau in bakteriologischer Beziehung ... Wir mögen die Methoden der Wasserchemie noch so fein ausbauen — auch die intensivste Erforschung der rein chemischen Vorgänge wird uns die Rätsel des stofflichen Umsatzes nicht lösen, solange wir die Bakterienentwicklung notgedrungen vernachlässigen müssen". Man sollte danach annehmen, daß es inzwischen zur Ausbildung einer eigenen hydrobakteriologischen Forschungsrichtung gekommen sei. Nachdem jedoch BAIER (1935) wiederum auf die geringe Förderung der Hydrobakteriologie in Deutschland hingewiesen hatte, kann man auch bei JANNASCH (1955) lesen, wie merkwürdig es sei, daß die von WINOGRADSKY und BEIJERINCK begründete ökologische Auffassung des Mikroorganismenlebens kaum auf den aquatischen Lebensraum ausgedehnt worden ist. Für diese Vernachlässigung lassen sich verschiedene Gründe anführen, die einmal historisch und zum anderen aus prinzipiellen Schwierigkeiten abzuleiten sind. Da nämlich die Bakterien infolge ihrer Kleinheit einer einfachen Beobachtung weitgehend entzogen sind, und mit dem üblichen medizinisch-bakteriologischen Plattenverfahren nur ein geringer Bruchteil der Wasserbakterien erfaßt wird, folgte zunächst eine Unterschätzung ihrer Bedeutung, wie es ja beim Nannoplankton bis zu den Arbeiten LOHMANNS der Fall war. Weiterhin stellen mikrobiologische Untersuchungen auf Grund ihrer besonderen Methodik eine hohe finanzielle Belastung der hydrobiologischen Stationen dar. Vor allem sind es wohl die methodischen Schwierigkeiten, die die Entwicklung der Hydrobakteriologie zu einem selbstverständlichen Zweig der Limnologie hemmten. Zu umfangreichen Gebieten sind lediglich die unter hygienischen Gesichtspunkten erfolgende bakteriologische Trinkwasserüberwachung und die Abwasserbakteriologie geworden. Aber auch diese würden manche Förderung durch eine bessere Kenntnis der Bakterienflora reiner Gewässer erfahren. Gewiß sind zahlreiche Untersuchungen über einzelne mikrobiologische Teilprozesse durchgeführt worden, doch sind sie eben unter mikrobiologischen, nicht aber limnologischen Aspekten erfolgt. Es muß daher festgestellt werden, daß wir unsere Kenntnisse über die Rolle der Mikroorganismen im Wasser im wesentlichen den Forschungen in den USA und insbesondere auch in der Sowjetunion — erwähnt seien die Arbeiten am Glubokoje-See und der Station Kossino —, verdanken.

Im Folgenden soll auf einige allgemeine Probleme und Aufgaben der Hydrobakteriologie hingewiesen werden, wobei wir uns auf stehende Binnengewässer beschränken.

Ausgangspunkt ist natürlich die Frage nach der Rolle der Bakterien im Stoffhaushalt eines Sees überhaupt. Als Mittler zwischen der organischen und der anorganischen Stufe sind die heterotrophen Bakterien ein entscheidendes Glied im Stoffkreislauf eines Gewässers. Der Nachweis ihrer Vermehrungsaktivität, die in der Zellzahl gemessen wird, bildet daher eine erste Hauptaufgabe, sie ist „the most sensible index" (WAKSMAN). Überblickt man die zahlreichen Untersuchungen über den Keimgehalt von Gewässern, so stößt man bei einem Vergleich bereits auf große Schwierigkeiten, da sie nämlich mit verschiedenen Methoden ermittelt wurden. Die meisten der verwendeten Kollektivnährböden besitzen eine Fleischbouillongrundlage, stellen also hochkonzentrierte Medien dar. Es werden anspruchsvolle Keime erfaßt, die als eigentliche Destruenten höhere Nährstoffkonzentrationen benötigen und im nährstoffarmen Wasser als zymogene Keime vorliegen. Die autochthone Mikroflora reiner Gewässer wird nicht erfaßt. Wie sehr sich die Zahlenverhältnisse bei Anwendung verschiedener Medien verschieben, zeigt Tabelle 1. Zu der Frage des Nährbodens kommt noch die Wahl

Tabelle 1

Keimzahl/1 ml, 25 °C, 10 Tage. Stechlinsee, Mai 1961

Tiefe m	FBAg[1])	PAg[2])	Nb nach JANNASCH[3])
2	107	1512	217
6	94	1364	535
10	66	512	135
20	45	356	114
30	12	228	86

[1]) Fleischbouillonagar: Fleischextrakt 0,5%; Pepton 0,5%; Agar 20,0 g;Ltw; pH 7,2.

[2]) Peptonagar: Pepton 1,0 g; K_2HPO_4 0,1 g; $FeSO_4 \cdot 7\,H_2O$ Spur; Agar 20,0 g; Ltw 1000 ml; pH 7,2.

[3]) Medium nach JANNASCH: Glucose 1,0 g; Pepton 0,1 g; NH_4NO_3 0,1 g; K_2HPO_4 0.1 g; Agar 20,0 g; Ltw 1000 ml.

der Bebrütungstemperatur und der Dauer der Bebrütung. Es zeigt sich, daß die auf Fleischbouillonagar wachsenden Keime in wesentlich kürzerer Zeit zur Entwicklung gelangen, so daß bei einer Auswertung schon nach etwa 5 Tagen ein ganz anderes Bild entsteht. Es wäre daher an der Zeit, die Forderung BAIERS nach Vereinbarung geeigneter Nährmedien für diese Zwecke zu verwirklichen, wie dies in der Hygiene seit langem der Fall ist. Eine Lösung dieses Problems von einer ganz anderen Seite ermöglicht die zunehmende Verwendung der Membranfiltermethode, die uns zudem Aussagen über die „Physiognomie der Mikroflora“ (CHOLODNY 1929) gestattet. Neuere Untersuchungen (JANNASCH und BELING 1955) haben bestätigt, daß das Erscheinungsbild der Mikroflora in charakteristischer Weise die Situation des Abbaus widerspiegelt. Es handelt sich um Beziehungen von Aufwuchsverbänden und Zooglöen; auch Relationen zwischen Kokken, Stäbchen und Ketten lassen sich nachweisen. Setzt man solche Untersuchungen in Beziehung zu der thermisch bedingten Schichtung, so läßt sich aus dem Vergleich der Ergebnisse aus verschiedenen Horizonten ablesen, wie weit die Mineralisation der abgestorbenen Plankter bereits im freien Wasser geht, bzw. in welchem Ausmaß sich die Schlammbildung vollzieht.

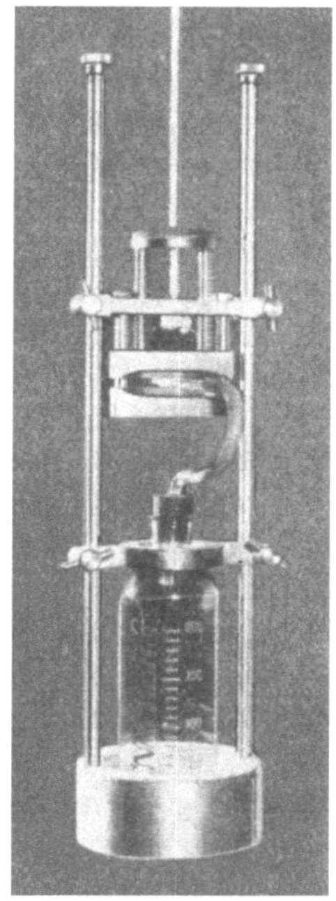

Abb. 1. Wasserschöpfer nach SOROKIN in betriebsfertigem Zustand

Bei der Durchführung derartiger Serienuntersuchungen ergibt sich die Notwendigkeit eines geeigneten Entnahmegerätes. Die Mehrzahl der in der Literatur beschriebenen Apparaturen ist nicht geeignet für routinemäßige sterile Probenahmen, da sie entweder zu empfindlich sind oder zu geringe Wassermengen liefern. Wir verwenden mit gutem Erfolg das auf Abbildung 1 dargestellte Gerät nach SOROKIN. Es arbeitet nach dem bekannten Prinzip, bei dem das zugeschmolzene Glasrohr einer sterilisierten und schwach evakuierten Flasche in der gewünschten Tiefe durch ein Fallgewicht zerschlagen wird. Infolge seines einfachen und robusten Aufbaus ist damit eine schnelle und sterile Probenahme aus beliebigen Tiefen möglich.

Bei einer weiteren Untersuchung der gewonnenen Bakterienkulturen müssen wir uns fragen, in wie weit uns Artenlisten Aufschluß über das Mikroorganismenleben eines Gewässers geben. In der Zoologie und Botanik besteht ein gut fundiertes System der Seentypologie nach dem Vorkommen bestimmter Arten, das seinen Ausdruck z. B. in dem Saprobiensystem nach KOLKWITZ und MARSSON gefunden hat. Man sollte meinen, daß hydrografisch und hydrobiologisch definierten Gewässertypen auch eine bestimmte Bakterienmischflora zukommt. Diese Überlegungen sind bisher jedoch kaum über das Stadium eines Postulats hinausgekommen. Überhaupt ist über den Artbestand der Bakterien, wenn man von extremen Gewässertypen absieht, wenig bekannt.

Schuld daran ist in nicht geringem Maße unsere mangelnde Kenntnis der Physiologie der Wasserbakterien. Wir wissen wenig über die Veränderungen der physiologischen Leistungen der Mikroorganismen während der Isolierung und Reinzucht auf unseren nährstoffreichen Medien. Neuere Untersuchungen über Schwellenkonzentrationen (JANNASCH 1958) deuten in diese Richtung. Hinzu kommt, daß auch im freien Wasser der Stoffwechselverlauf infolge der großen ökologischen Valenz weitestgehend milieubedingt ist. Auf diesem Gebiet sind zweifellos gründliche Untersuchungen notwendig.

Aufschlußreich hinsichtlich des Stoffhaushaltes der Gewässer sind Untersuchungen über den Kreislauf einzelner biogener Elemente. Seit BAIER (1936) bedient man sich vornehmlich der direkten Aktivitätsbestimmungen, wobei der Wasserprobe eine geringe Menge der zu zersetzenden Substanz zugesetzt wird und die Zunahme oder Abnahme des Umsetzungsproduktes gemessen wird. Verhältnismäßig gut bekannt sind die Kreisläufe von Kohlenstoff, Stickstoff, Schwefel und Eisen. Demgegenüber ist über einen bakteriellen Teil der Umsetzung des Phosphors nur wenig bekannt (TAYLOR 1949).

Ein interessantes Gebiet hat sich mit der Untersuchung der antagonistischen und synergistischen Beziehungen zwischen Plankton und Bakterien eröffnet. Es hat sich gezeigt, daß besonders Blaualgen, aber auch verschiedene andere Phytoplankter, durch bakterizide Stoffwechselprodukte die Bakterienentwicklung hemmen (RASUMOW 1948, STEEMANN NIELSEN 1955, ALLEN und DAWSON 1960). Auf der anderen Seite ist erwiesen, daß Bakterien für verschiedene Planktonalgen die unentbehrlichen Vitaminlieferanten sind. Ein solches Verhältnis konnte HAMBURGER (1958) für *Volvox aureus* und *Pseudomonas fluorescens* nachweisen, wobei *Volvox* auf die Vitaminlieferung durch die Bakterien angewiesen ist; auch ein Abbau schädlicher Stoffwechselprodukte wird in Erwägung gezogen. Ein weiteres Beispiel synergistischer Förderung bietet das Zusammenleben von *Chlorella* und *Azotobacter* (SCHROEDER 1932). Die von *Chlorella* abgegebenen organischen Verbindungen dienen *Azotobacter* als C-Quelle, während dieser die Entwicklung der Algen durch abgegebene N-Quellen fördert.

Über die Rolle der Bakteriophagen im Stoffhaushalt der Gewässer existieren bisher trotz unzähliger Phagenarbeiten nur vage Vorstellungen (SCHÄPERCLAUS 1955). Wir besitzen gegenwärtig noch keine experimentelle Bestätigung über eine etwaige Verminderung der Bakterienzahl in reinen Gewässern durch Bakteriophagen.

Auch die ernährungsmäßigen Beziehungen zwischen Zooplankton und Bakterien sind bisher nur unvollkommen bekannt. Untersuchungen mit radioaktivem ^{32}P (RODINA 1957, SOROKIN 1959) ergaben, daß verschiedene Zooplankter vor allem Bakterienfresser sind, woraus sich ökologisch wichtige Beziehungen ergeben. Gerade bei oligotrophen Gewässern ist diese Frage noch ungelöst.

Aus allem ist zu ersehen, daß es noch ein weiter Weg ist bis zum Verständnis der Gewässer als „Organismen höherer Ordnung", wie THIENEMANN es einmal formulierte. Es wird sich erweisen, daß auch die Hydrobakteriologie dazu beitragen kann, diesem Ziele näher zu kommen.

Literatur

ALLEN, M. B. and E. Y. DAWSON, 1960: Production of antibacterial substances by benthic marine algae. J. Bact. **79**, 459—460.

BAIER, C. R., 1936: Studien zur Hydrobakteriologie stehender Binnengewässer. Arch. Hydrobiol. **19**, 182—257.

BELING, A. und H. W. JANNASCH, 1955: Hydrobakteriologische Untersuchungen der Fulda unter Anwendung der Membranfiltermethode. Hydrobiologia (Den Haag) **7**, 36—51.

CHOLODNY, N., 1929: Zur Methodik der quantitativen Erforschung des bakteriellen Planktons. Zbl. Bakt. II, **77**, 179—193.

HAMBURGER, B., 1958: Bakteriensymbiose bei *Volvox aureus* Ehrenb. Arch. Mikrobiol. **29**, 291—310.

JANNASCH, H. W., 1953: Zur Methodik quantitativer Untersuchungen von Bakterienkulturen in flüssigen Medien. Arch. Mikrobiol. **18**, 425—430.

— 1955: Zur Ökologie der zymogenen planktischen Bakterienflora natürlicher Gewässer. Arch. Mikrobiol. **23**, 146—180.

— 1958: Schwellenkonzentrationen verschiedener Stickstoffquellen für die Vermehrung einiger Bakterien aus nährstoffarmen Gewässern. Arch. Mikrobiol. **31**, 114—124.

KUSNEZOW, S. I., 1959: Die Rolle der Mikroorganismen im Stoffkreislauf der Seen. Berlin, VEB Deutscher Verlag der Wissenschaften, 301 S.

RODINA, A. G., 1957: Vozmožnost' primenenija radioaktivnoj izotopov pri razrešenija vopros vybora pitanija živoj organizmy voda. Zool. žurn. **26**, 337.

SCHÄPERCLAUS, W., 1955: Die Rolle der Bakteriophagen im Stoffhaushalt der Gewässer und bei der Entstehung von Fischkrankheiten. Arch. Hydrobiol., Suppl. **22**, 488—493.

SCHRÖDER, M., 1931: Die Assimilation des Luftstickstoffs durch einige Bakterien. Zbl. Bakt. II, 177—212.

SOROKIN, JU. I. i A. V. MONAKOV, 1959: K voprosu ob usboenii ciklopami protokokkovych vodoroslej. Bjull. Inst. Biol. Vodochr. **3**, 24—27.

STEEMANN NIELSEN, E., 1955: An effect of antibiotics by plankton algae. Nature (London) **176**, 553.

TAYLOR, C. B., 1949: The effect of phosphorus on the decomposition of organic matter in fresh water. Proc. Soc. applied Bacteriology.

THIENEMANN, A., 1927: Zehn Jahre Hydrobiologische Anstalt Plön der Kaiser-Wilhelm-Gesellschaft. Die Naturwissenschaften, **15**.

WOLTERS, N. u. W. SCHWARTZ, 1956: Untersuchungen über Vorkommen und Verhalten von Mikroorganismen in reinen Grundwässern. Arch. Hydrobiol. **51**, 500—541.

ZOBELL, C. E., 1946: Marine Microbiology. Waltham, Mass., USA.

Anschrift des Verfassers:

HANS-DIETRICH BABENZIEN
Greifswald, Domstr. 24

Limnologica (Berlin)	1	1	1962	51—63

Aus dem VEB Entwicklung und Projektierung kerntechnischer Anlagen, Berlin-Pankow

ROLAND GLASER

Über die Radioaktivität einiger submerser Wasserpflanzen

Mit 5 Abbildungen

Bei der Projektierung und dem Bau von Atomkraftwerken und Reaktoren ist der Schutz der Umwelt vor direkter Strahlung und mehr noch vor der Verseuchung durch Spaltprodukte des Urans und angeregte radioaktive Isotope eine kategorische Notwendigkeit. Das bedeutet, daß neben der individuellen Kontrolle eines jeden Mitarbeiters einer solchen Institution ein umfangreiches und sicheres Netz der Außendosimetrie um das entsprechende Objekt geschaffen werden muß. Diese Maßnahmen sind um so wichtiger, da bisher noch keine großen Erfahrungen auf dem Gebiete der friedlichen Anwendung der Atomenergie bestehen, und daher alle möglichen unvorhergesehenen Umstände mit einzuplanen sind. Auch steht die Forschung besonders auf dem Gebiete der Wirkung kleiner und kleinster Dosen radioaktiver Strahlung auf den lebenden Organismus noch in den Anfängen, so daß Schäden genetischer oder unter Umständen auch somatischer Art in diesem Bereiche noch nicht mit absoluter Sicherheit einzukalkulieren sind.

Aus diesen Gründen wurde mit den Vorarbeiten zum Aufbau eines solchen Kontrollnetzes um das am Stechlinsee bei Rheinsberg, 100 km nördlich von Berlin entstehende Atomkraftwerk bereits vor einigen Jahren begonnen. Dieses Atomkraftwerk ist in einem Seengebiet gelegen und soll das Wasser zweier dieser Seen, nämlich des Stechlinsees und des Nehmitzsees, als Kühlwasser im dritten Kreislauf verwenden (Näheres hierzu siehe STEENBECK 1958). Obgleich hier die Verhältnisse völlig anders liegen als beispielsweise am Columbia River, wo eine ständige Aktivierung des Wassers durch den Hanford-Reaktor erfolgt, ist die Möglichkeit, daß geringste Spuren radioaktiven Materials das Kraftwerk verlassen, nicht mit Sicherheit auszuschließen.

Seit August 1959 führt das ehem. Wissenschaftlich-Technische Büro für Reaktorbau (jetzt VEB Entwicklung und Projektierung kerntechnischer Anlagen) Untersuchungen über die Radioaktivität der Wasserorganismen des Stechlinsees und Nehmitzsees durch. Diese Arbeiten, die in einem Gästelabor der Außenstelle der Forschungsstelle für Limnologie der DAW durchgeführt werden, haben das Ziel, den Null-Pegel der Aktivität vor Inbetriebnahme des Kraftwerkes zu messen und Aufschlüsse über den Mechanismus der Anreicherung bei verschiedenen Wasserorganismen zu erhalten.

Wenn einerseits die allgemein bekannte Anreicherung radioaktiver Elemente durch Wasserorganismen eine Gefahr im Sinne des Strahlenschutzes bedeutet, so kann man andererseits Wasserorganismen zur Reinigung radioaktiver Abwässer und als Indikatoren für radioaktive Verseuchung benutzen. Nicht im eigentlichen Sinne biologischer Indikatoren, wie sie in der Hydrobiologie viel verwendet werden, sondern indem man Radioisotope, die im Wasser in sehr geringen Konzentrationen vorkommen und daher dort schwer nachzuweisen sind, in den Wasserorganismen messen kann. Zu diesem Zwecke muß man natürlich wissen, welche Isotope in welchen Organismen angereichert werden und wie intensiv diese Anreicherung ist. Die vorliegende Arbeit soll ein Beitrag zu dieser Frage sein und zugleich die Methode der Verwendung biologischer Indikatoren bei der Bestimmung der Radioaktivität der Gewässer veranschaulichen.

Tabelle 1

Die Charakteristik der wichtigsten langlebigen Spaltprodukte des Fallout

	Halbwertszeit	β-Energie MeV
^{89}Sr	53 d	1,463
^{90}Sr	19,9 a	0,61
^{90}Y	61 h	2,18
^{91}Y	61 d	1,537
^{95}Zr	65 d	0,371
^{95}Nb	35 d	0,160
^{103}Ru	39,8 d	0,217
^{106}Ru	1,0 a	0,0392
^{106}Rh	30 s	3,53
$^{129}Te^m$	33,5 d	ohne β-Strahlung
^{129}Te	72 m	1,8
^{131}J	8,141 d	0,608
^{137}Cs	33 a	0,523
^{140}Ba	12,8 d	1,022
^{140}La	40,0 h	1,32, 1,67
^{141}Ce	33,1 d	0,442, 0,581
^{144}Ce	282 d	0,300, 0,170
^{143}Pr	13,7 d	0,932
^{144}Pr	17,5 m	2,97
^{147}Nd	11,3 d	0,83, 0,60, 0,38

Zunächst ist selbstverständlich die Frage zu stellen: Welche Radioisotope sind zur Zeit in einem natürlichen Gewässer, das durch keinerlei Abwässer von Industrie und Instituten verschmutzt wird, zu erwarten? Grundsätzlich ist das einmal die natürliche Aktivität und zum anderen die Radioaktivität des „Fallout", also des radioaktiven Niederschlages durch die Atombombenversuche.

Das wichtigste Element mit einem natürlichen Radio-Isotop ist das Kalium. 1 mg natürliches Kalium hat eine durch das ^{40}K hervorgerufene Aktivität von $0{,}847 \cdot 10^{-12}$ Curie = 0,847 pc. Bei einem durchschnittlichen Kaliumgehalt von 1,6 mg/l im Stechlinsee beträgt die ^{40}K-Aktivität also 1,37 pc/l. Die Aktivität der natürlich radioaktiven schweren Elemente, wie Ra, U usw. dürfte in diesem See außerordentlich gering sein, da er keine Berührung mit derartigen Eruptivgesteinen hat und auch kein Wasser von irgendwelchen Gebirgsgegenden bezieht. Außerdem, davon wird später noch einmal die Rede sein, wurden bei unseren Messungen nur β-Strahler mittlerer bis starker Energien berücksichtigt (Messungen mit einem Geiger-Müller-Glockenzählrohr mit 3 mg/cm² Fensterstärke), so daß die alpha-strahlenden Isotope nicht mitgemessen wurden. Auch das natürliche ^{14}C und das Tritium wurden aus meßtechnischen Gründen nicht erfaßt.

Auf Tabelle 1 sind die langlebigsten Spaltprodukte der Uranspaltung aufgezeichnet, die bei einer A-Bombenexplosion entstehen und daher im Fallout vorkommen können. Wenn man berücksichtigt, daß die letzten Kernwaffenversuche vor beinahe 3 Jahren (im Herbst 1959) durchgeführt worden sind[1]), von den kleinen Saharabomben abgesehen, dann sind zur Zeit nur noch die langlebigen Isotope zu erwarten. Das sind also das ^{90}Sr mit seinem Tochterprodukt, dem ^{90}Y, entsprechend das ^{106}Ru—^{106}Rh, das ^{137}Cs, das ^{144}Ce—^{144}Pr und das ^{147}Nd. ^{137}Cs und das ^{147}Nd hatten ebenfalls nur eine geringe β-Energie und wurden nicht mitgemessen.

Material und Methode

Die Wasserpflanzen wurden mit einem großen Bodengreifer oder einer Dredge oder im Sommer manuell entnommen, in einem Thermostat bei 120 °C getrocknet und anschließend bei 750 °C verascht. Die Veraschungszeit betrug etwa 2—3 Stunden und variierte bei verschiedenen Proben. Kontrollversuche zeigten, daß erst bei 4—6 Stunden merkliche Verluste der Aktivität durch die Veraschung eintreten.

Von der Asche kamen jeweils 500 mg auf ein Meßschälchen und wurden in einem Abstand von etwa 10 mm vom Zählrohrfenster mit einem Geiger-Müller-Glockenzählrohr der Firma VEB Vakutronik Dresden gemessen. Die Fensterdicke der verwendeten Zählrohre betrug 3,1 mg/cm². Da die Impulsraten dieser Präparate sehr gering sind, waren lange Meßzeiten erforderlich. Jede Probe wurde in zwei parallel laufenden Meßgeräten jeweils eine Stunde lang gemessen. Der Nulleffekt, der bei 15—18 Imp/min lag, wurde jeden Tag an jedem Gerät jeweils dreimal eine Stunde gemessen. Bei einer mittleren Impulsrate der Meßpräparate von ca. 20 Imp/min über dem Nulleffekt, beträgt bei dieser Meßdauer der mittlere statistische Fehler der Messungen $\pm 2{,}7\%$.

Als Bezugsstandard wurde für diese Messungen ein Kaliumchlorid-Standard verwendet. In der gleichen Weise wie die Pflanzenaschen wurden 500 mg KCl in ein Meßschälchen gefüllt. Ein solcher Standard hat eine Aktivität von 488 Zerf./min. Das ^{40}K hat mit einer β-Strahlung von 1,4 MeV eine mittlere Energie und läßt sich deshalb gut als Vergleichsstandard verwenden. Vergleiche mit einem ^{90}Sr—^{90}Y-Standard zeigten, daß sich die Geometriefaktoren wie folgt verhalten:

$$\frac{\varrho_K}{\varrho_{(Sr+Y)}} = 1{,}27 \qquad \frac{\varrho_K}{\varrho_Y} = 0{,}91$$

[1]) Diese Arbeit wurde im Mai 1961 abgeschlossen.

Die hier beschriebene Meßmethode erlaubt es nur, Strahler mit mittlerer oder hoher β-Energie zu registrieren. Es wurde schon oben erwähnt, daß aus diesem Grunde die natürlichen Alpha-Strahler nicht miterfaßt wurden. Gleiches gilt auch für die weichen natürlichen Strahler wie das ^{14}C und das Tritium sowie für das ^{137}Cs und das ^{147}Nd (vgl. Tab. 1).

Wie schon gesagt, ist eines der wichtigsten natürlichen Isotope das ^{40}K. Um den Gehalt dieses Isotopes in den verschiedenen Proben zu ermitteln, genügt es, den Kalium-Gehalt zu kennen. Im natürlichen Isotopengemisch besteht das Kalium zu 0,0119% aus ^{40}K.

Aus diesen Angaben errechnet sich die schon oben angegebene Zahl, daß 1 mg K eine Aktivität von 0,847 pc aufweist.

Aus diesem Grunde wurden von den Meßproben Kalium-Bestimmungen durchgeführt. Die Kaliumbestimmung erfolgte flammenphotometrisch mit Hilfe eines Gerätes vom VEB Carl Zeiss Jena. Um Störelemente möglichst zu beseitigen, wurden die Ascheproben zuvor in Säure aufgelöst und anschließend mit $(NH_4)_2CO_3$ die mehrwertigen Elemente ausgefällt. Anschließend wurde unter einem Infrarotstrahler die Lösung in einem Platintiegel zur Trockne eingedampft, das überschüssige $(NH_4)_2CO_3$ abgeraucht und die Probe in 10 ml Wasser aufgenommen. Bei einer Kontrollserie zeigte sich, daß diese Routine-Methode eine mittlere Streuung des Einzelwertes von etwa 10% aufweist.

Auf die Methodik der Isotopentrennung wird später an passender Stelle eingegangen werden.

Die Wasseraktivität des Stechlinsees

Die Wasseraktivität ist in natürlichen, durch Industrie- und andere Abwässer unverseuchten Gewässern außerordentlich gering und daher nur äußerst schwer zu erfassen. Die Kaliumaktivität kann besser in der oben angegeben Weise flammenphotometrisch gemessen werden. Wenn man vom ^{137}Cs absieht, dann müßten die wichtigsten anderen Isotope sich bei Anwesenheit von Träger in alkalischer Lösung ausfällen lassen. Eine Ausnahme hierzu bildet allerdings das ^{90}Sr, welches jedoch durch das Tochterprodukt, das ^{90}Y, im Niederschlag vertreten wird und sich durch die kurze Halbwertszeit desselben gut bestimmen läßt. Wenn man nämlich den Niederschlag längere Zeit wiederholt mißt, so kann man einen Abfall der Aktivität in den ersten Tagen feststellen, der dem Zerfall des ^{90}Y entspricht.

Es wurden 50 l Stechlinseewasser mit Y und Ce-Träger versetzt und dieser dann mit NH_4OH ausgefällt. Der Abfall der Aktivität des nochmals umgefällten Niederschlages ist auf Abbildung 1 dargestellt. Die durchgezogene Kurve stellt die Summenaktivität dar. Zieht man von diesen Werten den Wert nach Zerfall des ^{90}Y ab, so erhält man die gebrochen gezeichnete Gerade, die die Halbwertszeit des ^{90}Y von 62 Stunden verrät. Gleichzeitig kann man auf diese Weise die ^{90}Y-Aktivität, die im Gleichgewicht gleich der ^{90}Sr-Aktivität ist, ermitteln. Aus diesem Versuch, der im Juni 1961 durchgeführt wurde, ergibt sich eine ^{90}Sr — ^{90}Y-Aktivität von 0,38 pc/l und eine Restaktivität von 0,2 pc/l. Diese Werte sind nur als Anhaltswerte anzusehen, da die Meßfehler bei den geringen Impulsraten sehr groß sind. Es wurden bisher nur wenige derartige Messungen durchgeführt, die jedoch diese Zahlen prinzipiell bestätigen. Wie oben schon erwähnt, beträgt der Kaliumgehalt des Stechlinseewassers durchschnittlich 1,6 mg/l und die ^{40}K-Aktivität demnach etwa 1,37 pc/l. Hieraus ist also ersichtlich, daß im Wasser die Kalium-Aktivität weit überwiegt. Aus diesen Zahlen geht nebenbei bemerkt noch hervor, wie wenig Sinn es hat, die Summenaktivität von schwach aktiven Gewässern zu messen, da doch die Aktivität des ^{40}K die eigentlich interessante Aktivität der künstlich-aktiven Verschmutzungen weitgehend überdeckt. Das gilt in besonderem Maße für Industrieabwässer, deren K-Gehalt noch wesentlich höher ist als in diesem Falle.

Die Aktivität der Wasserpflanzen

Im August des Jahres 1959 wurde mit den Messungen der Aktivität der häufigsten Wasserpflanzen des Stechlinsees begonnen. Später wurde dann der Kreis der untersuchten Arten noch etwas erweitert. Die Messungen wurden in Abstän-

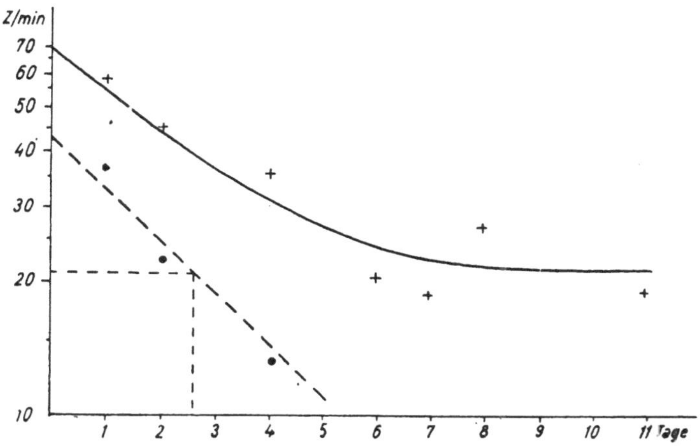

Abb. 1. Der radioaktive Zerfall eines Präparates aus dem Hydroxydniederschlag von 50 l Stechlinseewasser (Erläuterungen im Text).

den von etwa einem Monat soweit wie möglich das ganze Jahr über durchgeführt. Auf Abbildung 2 sind die Aktivitäten der untersuchten Wasserpflanzen in pc pro 1 g Asche dargestellt (1 pc = 10^{-12} c = 2,2 Zerfälle pro min). Schraffiert gezeichnet ist die aus dem Kalium-Gehalt errechnete Aktivität des ^{40}K. Bei den ersten vier Arten ist die mittlere Aktivität der ersten drei Monate des Jahres 1960 dem Mittel der entsprechenden Periode des folgenden Jahres gegenübergestellt. Die übrigen Pflanzen wurden erst ab Sommer 1960 ständig gemessen. Die Proben stammen alle von einer Stelle des Sees, nämlich der Südbucht, mit Ausnahme des *Eurhynchium rusciforme*, welches an anderer Stelle aus größerer Tiefe (12—15 m) entnommen wurde. Bei *Chara* wurde auf eine Artbestimmung verzichtet, da es nicht sicher ist, ob ständig die gleiche Art unvermischt mit anderen Arten verwendet wurde. Der Algenaufwuchs stammt von *Typha*-Stengeln. Es ist ein relativ fester Aufwuchs, der zum größten Teil aus Cyanophyceen und Diatomeen besteht. Dieses heterogene Material scheint aber in seiner

Zusammensetzung keine für die radiologischen Untersuchungen wichtigen Veränderungen im Laufe der Zeit zu erfahren, denn gerade die hieran gewonnenen Werte zeigen erstaunlich wenig Schwankungen.

Aus der Abbildung 2 geht sehr deutlich der Unterschied zwischen den beiden Extremen, der Aktivität des Algenaufwuchses und der Aktivität von *Stratiotes aloides* hervor. Besonders drückt sich dieser Unterschied in dem verschiedenen Anteil der Kalium-Aktivität an der Summenaktivität aus. Nur noch *Elodea canadensis* reicht mit einem Kaliumgehalt von ca. 45% annähernd an den von

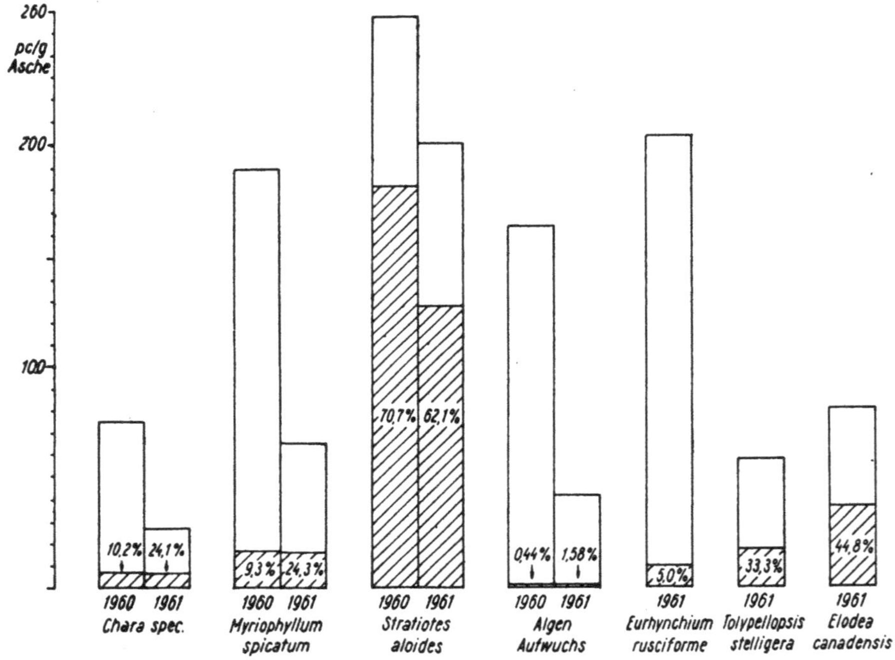

Abb. 2. Die Radioaktivität verschiedener Wasserpflanzenaschen des Stechlinsees. (Schraffiert: Anteil der ^{40}K-Aktivität an der Summenaktivität.)

Stratiotes aloides heran. Bei allen hier angeführten Pflanzen überwiegt die Restaktivität bei weitem.

In Abbildung 3 ist die Aktivität von den drei am meisten untersuchten Pflanzen gegen die Zeit aufgetragen (hier ist die Aktivität auf das Frischgewicht bezogen). Man erkennt einen deutlichen Abfall der Aktivität im Verlaufe der Monate. Ausgenommen hiervon ist *Stratiotes aloides*. Es ist aus der Abbildung zu ersehen, daß die Aktivität dieser Art zunächst auch etwas abfällt, dann jedoch wieder ansteigt. Bei *Stratiotes*, wie schon aus Abbildung 2 ersichtlich, überwiegt die natürliche Kalium-Aktivität. Im Winter aber, so zeigen die Werte der Kalium-Bestimmungen, ist der Kalium-Gehalt von *Stratiotes* wesentlich höher als im Sommer. Bei den anderen hier aufgeführten Pflanzen spielt die Veränderung des Kalium-

Gehaltes keine so wesentliche Rolle, da der Anteil des ^{40}K hier nicht so entscheidend ist. Der Abfall der Aktivität, der auf Abbildung 3 ersichtlich ist, erklärt sich aus dem Zerfall der Kernspaltprodukte nach der Beendigung der Atomwaffenversuche im Herbst 1959. Es ist auf dieser Abbildung noch eine Gerade, die den exponentiellen Zerfall des ^{144}Ce darstellt, eingezeichnet. Der Abfall der Aktivität der Wasserpflanzen, besonders der Aktivität des Algenaufwuchses, hat etwa die gleiche Neigung. Auf diese Verhältnisse wird später ausführlicher eingegangen werden.

Es sei hier noch kurz angeführt, daß Versuche zeigten, daß sich die Aktivität von Pflanzenmaterial aus anderen Teilen des Sees nicht signifikant von der der

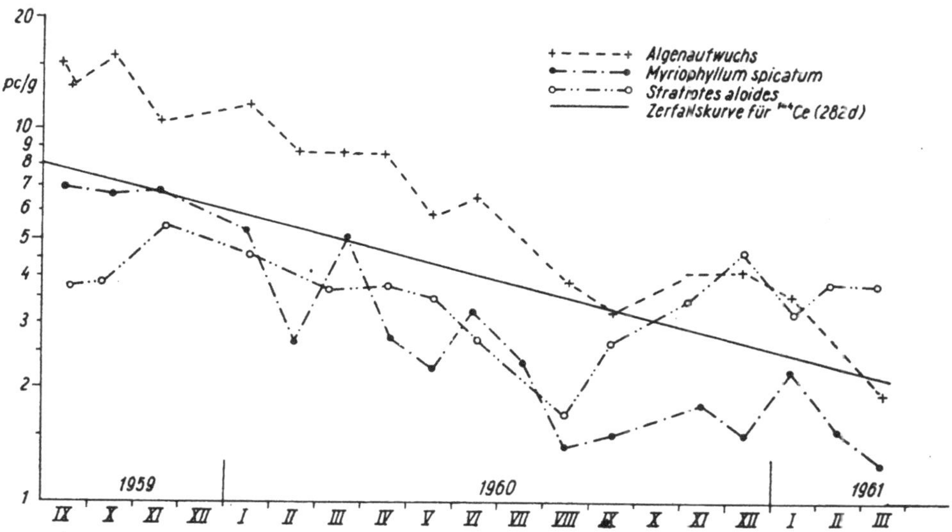

Abb. 3. Die Aktivität der Wasserpflanzen des Stechlinsees (in pc/g Frischgewicht).

gleichen Arten der Südbucht unterschied, aus der die hier zitierten Pflanzen stammten. Auch die Pflanzen des benachbarten eutrophen Nehmitzsees zeigen im Prinzip die gleichen Verhältnisse.

Bei der Diskussion der Ergebnisse, die auf Abbildung 2 dargestellt sind, ist man versucht, etwa die hohe Spaltprodukt-Aktivität der Algen gegenüber *Stratiotes* aus der großen Oberfläche der ersteren abzuleiten. Aus diesem Grunde ist es angebracht, hier einige Ergebnisse über die Aktivität verschiedener parallel vorkommender *Potamogeton*-Arten anzuführen. *Potamogeton* konnte in den Zyklus der laufenden Untersuchungen nicht mit eingeschlossen werden, da diese Gattung nur eine sehr beschränkte Vegetationsperiode hat und praktisch nur in den Sommermonaten gemessen werden kann. Trotzdem ist es interessant, Vergleiche zwischen einigen der morphologisch sehr unterschiedlichen Arten zu ziehen. Es sei hier die Aktivität von vier in der Südbucht des Stechlinsees parallel vorkommenden Arten in pc/g Frischgewicht angegeben (Tab. 2).

Die Unterschiede dieser Werte sind nicht signifikant. Interessant ist dieses Beispiel nur im Hinblick auf die relativ gleichen Aktivitäten trotz großer morphologischer Unterschiede. Man denke an die große Oberfläche, die durch die fadenförmigen Blätter des *P. pectinatus* gegeben ist. Aus Tabelle 2 ist außerdem ersichtlich, daß auch bei *Potamogeton* der ^{40}K-Anteil sehr beträchtlich ist.

Tabelle 2

Aktivität einiger *Potamogeton*-Arten des Stechlinsees

Art	Summenaktivität in pc/g Frischgewicht	Anteil der ^{40}K-Aktivität an der Summenaktivität
Potamogeton natans	2,04	51%
Potamogeton perfoliatus	1,75	69%
Potamogeton lucens	1,92	69%
Potamogeton pectinatus	2,13	55%

Es wurde bisher bei der Beschreibung der Aktivität von der Kalium-Aktivität und von der Summenaktivität gesprochen. Welcher Art ist die „Nicht-Kalium-Aktivität", die ja bei den meisten Pflanzen den größten Teil der Summenaktivität ausmacht und bei den Algen überhaupt dominierend ist? Wie oben schon erwähnt, ist die Kalium-Aktivität hier die einzige natürliche Aktivität, die miterfaßt wurde. Aus diesem Grunde ist der Schluß berechtigt, daß es sich bei der „Nicht-Kalium-Aktivität" um Spaltprodukt-Aktivität des Fallout handelt. Es wurde schon in der Einleitung dargelegt, welche Isotope hier in Frage kommen. Es sind einmal nur die langlebigsten und zum anderen nur die mit mittleren bis großen β-Energien, mit anderen Worten das ^{90}Sr—^{90}Y, das ^{144}Ce—^{144}Pr und das ^{106}Ru—^{106}Rh.

Die qualitative Untersuchung läßt sich nun in dreierlei Art durchführen:

1. Bestimmung der Halbwertszeit der Aktivität.
2. Bestimmung der mittleren β-Energie durch Absorbermessungen.
3. Radiochemische Trennungen.

Die Untersuchungen wurden hauptsächlich an Algenaschen durchgeführt, da diese einmal die höchste Aktivität und zum anderen den niedrigsten Anteil an der natürlichen Kalium-Aktivität zeigten. Zwei Präparate der gleichen Algenasche wurden mit einer dünnen Perfolschicht abgedeckt und im Laufe eines Jahres periodisch gemessen. Die Ergebnisse sind auf Abbildung 4 dargestellt. Bei einer halblogarithmischen Darstellung kann man aus der Neigung der Kurve die Halbwertszeit des Strahlers ermitteln. Es ist aus der Abbildung ersichtlich, daß sich durch die Meßpunkte bequem die Gerade der Halbwertszeit des ^{144}Ce legen läßt. Schon allein diese Kurve schließt einen bedeutenden Gehalt der Asche an ^{90}Sr aus. Jedoch läßt sich daraus noch nicht mit Sicherheit schließen, ob nicht vielleicht ein Teil der Aktivität durch das ^{106}Ru gestellt wird, dessen Halbwertszeit der des ^{144}Ce sehr nahe liegt (Tab. 1).

Auf Abbildung 5 sind die Ergebnisse von Absorbermessungen mit Aluminium-Absorbern an Algenasche dargestellt (Es handelt sich hier immer um den schon besprochenen Algenaufwuchs auf *Typha*-Stengeln). Die hierdurch ermittelte Halbwertsschichtdicke zeigt eine mittlere β-Energie des Strahlers von 2,25 MeV. Auch dieses Ergebnis weist auf das ^{144}Pr hin, das Tochterprodukt des ^{144}Ce, welches, durch seine kurze Halbwertszeit bedingt, ständig mit diesem im Gleichgewicht steht. (Das ^{144}Ce wird ohnehin durch seine geringe β-Energie nicht mit gemessen.) Allerdings schließt auch dieser Versuch nicht mit absoluter Sicherheit eine Anwesenheit des ^{106}Ru—^{106}Rh aus.

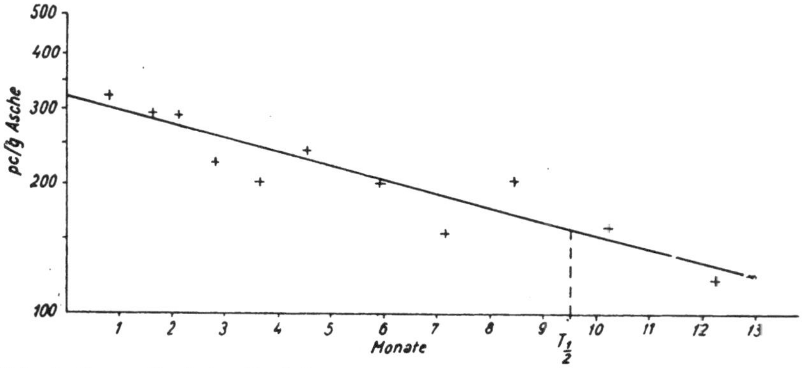

Abb. 4. Der radioaktive Zerfall eines Präparates mit Asche von Algenaufwuchs vom 21. 4. 60. Die durchgezeichnete Gerade stellt die Halbwertszeit des ^{144}Ce dar.

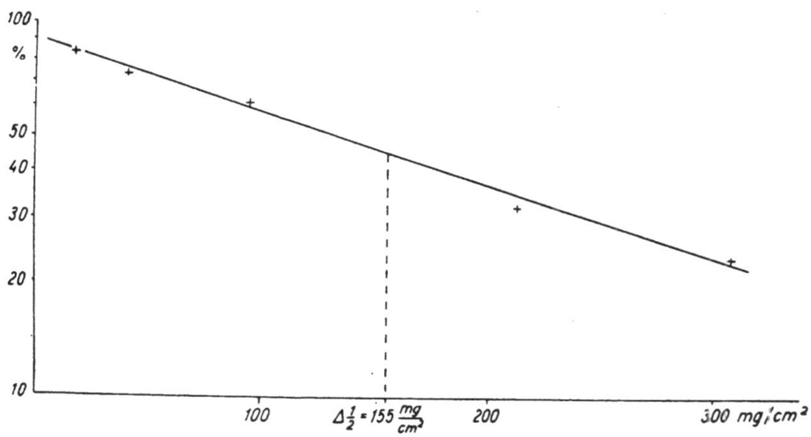

Abb. 5. Absorberkurve der Algenasche vom 27. 9. 59.

Zur weiteren Identifizierung der Art der Aktivität wurden Isotopentrennungen durchgeführt. Wenn die beinahe gewichtslosen Mengen der radioaktiven Isotope durch Trägermengen stabiler Isotope des gleichen Elements vertreten werden, so kann man sie mit diesen auf chemischem Wege abtrennen.

Die Trennungen wurden so durchgeführt, daß zunächst die Aschen in verdünnter Salzsäure, oder falls nötig in konzentrierter Säure, gelöst wurden.

Teilweise wurde mit dem unlöslichen Rückstand eine Carbonatschmelze durchgeführt und die aufgeschlossene gelöste Substanz dann der ersten Lösung zugefügt. Als erster Schritt der Trennung wurden die mehrwertigen Kationen durch Karbonat ausgefällt und vom Kalium und Cäsium getrennt. Die Lösung wurde verworfen. Der Niederschlag wurde erneut in Säure gelöst und anschließend mit Ammoniak die Seltenen Erden zusammen mit dem Eisen und anderen schwer löslichen Hydroxyden ausgefällt. Diese Methode ließ sich hier wegen des geringen Phosphatgehaltes der Pflanzenaschen gut durchführen. Anschließend konnte dann noch durch eine erneute Carbonat-Fällung auch das Sr zusammen mit dem Ca abgefällt werden. Zur ^{90}Sr-Bestimmung wurde einmal, nachdem sich das ^{90}Sr—^{90}Y-Gleichgewicht wieder eingestellt hatte, also etwa 14 Tage nach der Trennung, das ^{90}Y wieder durch Hydroxydfällung abgetrennt und bestimmt und zum anderen wurde die Aktivität des ersten Hydroxydniederschlags, der das ^{144}Ce enthielt, auf die Halbwertszeit des ^{90}Y hin untersucht.

Es konnte bei keiner einzigen derartigen Trennung eine signifikante ^{90}Sr-Aktivität gefunden werden. Andererseits enthielt die Hydroxyd-Fraktion bei Algentrennungen eine Aktivität, die 45 bis 75% der Summenaktivität ausmachte. Auch dies ist wiederum ein Hinweis auf die Anwesenheit des ^{144}Ce—^{144}Pr in den Pflanzen. Es ist immerhin denkbar, daß in diesem Hydroxyd-Niederschlag auch Ruthenium enthalten sein könnte, obgleich es bei höheren Temperaturen flüchtig ist und mit einiger Wahrscheinlichkeit schon bei der Veraschung der Proben abdestilliert wird. Bei der Trennung wurden die Niederschläge auf aschefreie Papierfilter abgesaugt und diese desgleichen bei etwa 750 °C verascht. Dies macht eine Anwesenheit des ^{106}Ru in den Proben und besonders im Hydroxydniederschlag sehr unwahrscheinlich.

Um sicher zu gehen, wurde noch eine Ruthenium-Destillation vorgenommen (Diese Destillation wurde von Herrn Dr. SCHÄFER, Berlin-Buch, durchgeführt). Zu diesem Zwecke wurde der Hydroxydniederschlag in konzentrierter Natronlauge im Chlorstrom mit einer Salzsäure-Vorlage destilliert. Dieser Versuch wurde an zwei Proben durchgeführt. In keinem Fall konnte in der Vorlage Aktivität aufgefunden werden. Im Rückstand konnte nach Beendigung der Destillation die ursprüngliche Aktivität noch unverändert vorgefunden werden.

Diese Versuche bestätigen die Annahme, daß die Spaltproduktaktivität der Wasserpflanzen zum überwiegenden Teil aus den langlebigen Seltenen Erden, nämlich dem ^{144}Ce—^{144}Pr besteht und nur unbedeutende Mengen ^{90}Sr und ^{106}Rh vorhanden sind.

Diskussion der Ergebnisse

Die oben beschriebenen Versuche haben gezeigt, daß die Wasserpflanzen aus dem Spaltproduktgemisch das Cer besonders stark anreichern. An Hand der Spaltproduktaktivität der Wasserpflanzen (Summenaktivität abzüglich Kaliumaktivität) und der oben angegebenen Werte der Aktivität des Stechlinseewassers läßt sich der Anreicherungsfaktor der Wasserpflanzen errechnen (Aktivität einer Gewichtseinheit frischer Pflanzen zur Aktivität der gleichen Menge Wasser). Diese Werte sind auf Tabelle 3 dargestellt. Da die Spaltproduktaktivität vorwiegend aus ^{144}Ce—^{144}Pr besteht, können diese Werte angenähert als Anreicherungsfaktoren für Radio-Cer gewertet werden.

Es sind bisher nur wenige Untersuchungen über die Anreicherung von Radiocer in Süßwasserpflanzen bekannt. Timofeev-Resovskij (1957) gibt an, daß das Radiocer sich hauptsächlich in der Biomasse konzentriert, also weitgehend aus dem Wasser ausfiltriert wird. Er gibt durchschnittliche Anreicherungsfaktoren für die Biomasse von 10000 bis 40000 an. Zu ähnlichen Resultaten kommt sein Mitarbeiter Agafonov (1957). In einer anderen Arbeit aus dem gleichen Institut berichtet Timofeeva-Resovskaja (1960) über die Anreicherung von Ce in verschiedenen Süßwasserpflanzen und gibt Anreicherungsfaktoren für die Anreicherung in *Elodea canadensis* mit 3435 und *Chara fragilis* mit 26925 an. Die *Elodea*-Anreicherung ist bei unseren Versuchen ähnlich, *Chara* reichert allerdings nach den hier vorliegenden Ergebnissen wesentlich schwächer an. Das mag jedoch mit der Art variieren. In der amerikanischen Literatur sind besonders die Untersuchungen am Columbia River und im White Oak Lake zu erwähnen. Krumholz (1957) gibt als Anreicherungsfaktoren für Seltene Erden in Fadenalgen des Columbia River die Zahl 500 an, während das Phytoplankton im gleichen Biotop die Seltenen Erden 1000-fach anreichern soll.

Tabelle 3

Durchschnittliche Anreicherungsfaktoren einiger Wasserpflanzen des Stechlinsees für langlebige Spaltprodukte

Art	Anreicherungsfaktor
Chara spec.	8300
Myriophyllum spicatum	4000
Stratiotes aloides	5700
Algenaufwuchs	5500
Eurhynchium rusciforme	10700
Tolypellopsis stelligera	4600
Elodea canadensis	5200

Die Theorie von Gorham (1959), wonach niedere Pflanzen mehr Radioaktivität anreichern als höhere Pflanzen, kann durch unsere Befunde nicht unterstrichen werden. So ist, wie aus Abbildung 2 ersichtlich, die Aktivität von *Chara*-Asche wesentlich geringer als beispielsweise die von *Myriophyllum* und *Stratiotes*. Die Verhältnisse liegen hier offenbar wesentlich komplizierter.

Polikarpov (1960) wies nach, daß im Gegensatz zum Sr das Ce von absterbenden Organismen nicht wieder ins Wasser zurückgegeben wird. Daraus lassen sich unter Umständen die geringen Schwankungen in der Aktivität des Algenaufwuchses auf *Typha* erklären.

Es wurde in der Einleitung dargelegt, daß einer der Gründe, die zu diesen Untersuchungen führten, das Auffinden geeigneter Indikatororganismen ist. Die Ergebnisse dieser Untersuchungen lassen sehr wohl die Möglichkeit erkennen, Wasserpflanzen als Indikatoren für den Radio-Cer-Gehalt von Gewässern zu verwenden. Das führten am besten die auf Tabelle 3 dargestellten Anreicherungsfaktoren vor Augen. Die Schwierigkeiten bei der Bestimmung des Gehaltes an Spaltprodukten im Wasser wurden schon oben dargelegt. Eine Verarbeitung von

50 l Wasser ist sehr mühsam und zeitraubend und die dabei erzielten Ergebnisse sind statistisch sehr unbefriedigend.

Es läßt sich selbstverständlich aus der Aktivität der Wasserpflanzen, selbst wenn man den Anreicherungsfaktor kennt, keine genaue Bestimmung des Radio-Cers im Wasser durchführen. Sehr wertvoll ist allerdings die kontinuierliche Messung der Wasserpflanzenaktivität, um plötzliche Anstiege der Aktivität im Wasser festzustellen. Wenn oben angeführt wurde, daß es wegen der Dominanz der ^{40}K-Aktivität im Wasser wenig sinnvoll ist, sich mit der Messung der Summenaktivität derselben zu begnügen, so ist doch beispielsweise die Summenaktivität der Algen sehr aufschlußreich.

Auf Abbildung 3 sieht man den langsamen Abfall der Pflanzenaktivität im Laufe der Monate mit einer Halbwertszeit etwa des ^{144}Ce. Dieser Abfall demonstriert den Abfall der Radioaktivität im Stechlinseewasser und indirekt im Fallout allgemein. Besonders an der Algenaktivität, die von einigen kleinen Schwankungen abgesehen, einen relativ kontinuierlichen Abfall zeigt, würde man ein plötzliches Ansteigen der Wasseraktivität sofort erkennen können. Dann wäre es immer noch an der Zeit, eine direkte Aktivitätsbestimmung durchzuführen, um den genauen Pegel der Aktivität im Wasser zu bestimmen. Selbstverständlich gilt diese Methode, die hier für das Radiocer demonstriert worden ist, nicht für alle Radioisotope, sondern läßt sich eben nur auf die Seltenen Erden allgemein ausdehnen. Aus den Untersuchungen geht hervor, daß das ^{90}Sr sehr wenig angereichert wird. Für das ^{90}Sr muß man einen anderen Indikator verwenden. In einer früheren Arbeit wiesen wir schon darauf hin, daß sich das Plankton hierfür sehr gut eignet (GLASER 1961a).

Der Gedanke, Wasserorganismen als Indikatoren für Radioaktivität im Wasser zu verwenden, ist schon sehr oft in der Literatur aufgeworfen worden. WILLIAMS (1960) führte Versuche durch, indem er verschiedenes Pflanzenmaterial in perforierten Polyäthylen-Beuteln in Gewässer eintaucht und nach 2 bis 7 Tagen ihre Aktivität mißt. Es wurden auf diese Weise u. a. Radionucleide gefunden, die sich in Wasserproben wegen ihrer geringen Konzentration nicht nachweisen ließen. Besonders günstig erwies sich hierzu in salzarmen Nährlösungen gezüchtete *Pithophora oedogonia*. Jedoch nicht nur Wasserpflanzen, sondern auch Tiere lassen sich als Indikatoren für radioaktive Verseuchung verwenden (GLASER 1961 b).

Es sei noch kurz die Frage nach der Strahlenbelastung angeschnitten. Aus all den Untersuchungen über die Radioaktivität von Wasserorganismen geht übereinstimmend hervor, daß diese Organismen durch die Atombombenversuche am meisten in Mitleidenschaft gezogen werden. Zwar ist die Strahlenresistenz gerade der niederen Organismen relativ hoch, jedoch läßt sich das Ausmaß an genetischen Veränderungen durch die große Steigerung der Strahlenbelastung nur sehr schwer abschätzen.

Es sei mir an dieser Stelle gestattet, Herrn Dr. habil. TH. SCHRÄDER für die freundliche Bereitstellung eines Gastplatzes in der Außenstelle der Forschungsstelle für Limnologie der DAW am Stechlinsee meinen Dank auszusprechen.

Herrn Dr. H. Freitag sind wir für Hinweise floristischer Art zu Dank verpflichtet. Frl. H. Reif möchte ich an dieser Stelle für wichtige technische Unterstützung bei der Durchführung dieser Arbeiten danken.

Zusammenfassung

Die Radioaktivität verschiedener Wasserpflanzen setzt sich zu 50 bis über 99% aus Spaltproduktaktivität zusammen; lediglich *Stratiotes aloides* hat einen sehr hohen Kaliumgehalt und daher eine Kaliumaktivität von mehr als 60%. Der kontinuierliche Abfall der Radioaktivität vom September 1959 bis März 1961 wird dargestellt und diskutiert. Durch radiochemische und -physikalische Methoden konnte nachgewiesen werden, daß die Spaltprodukt-Aktivität beinahe ausschließlich aus dem langlebigen ^{144}Ce—^{144}Pr besteht. Der ^{90}Sr—^{90}Y-Gehalt ist außerordentlich gering. Verschiedene Anreicherungsfaktoren für Radiocer in Wasserpflanzen lassen sich errechnen. Die Verwendung der Wasserpflanzen als Indikatoren für die Radioaktivität der Seltenen Erden im Gewässer wird diskutiert.

Literatur

Agafonov, B. M., 1957: Nekotorye opyty po biologičeskoj dezaktivacii vody (Einige Versuche über die biologische Desaktivierung des Wassers). Trudy vsesoj. konf. po med. radiol., Voprosy gigieny i dosimetrii. Moskva, S. 76—82.

Glaser, R., 1961 a: Über die Radioaktivität des Planktons des Stechlin- und Nehmitzsees bei Rheinsberg (Mark Brandenburg), Kernenergie **4**, 398—399.

— —, 1961 b: Über die Aufnahme von Radiojod (^{131}J) aus wässriger Lösung durch die Muschel *Dreissensia polymorpha* Pall. Zool. Jahrb. Physiol. **69**, 339—378.

Gorham, E. 1959: A comparison of lower and higher plants as accumulators of radioactive fallout. Can. J. Botany, **37**, 327—329.

Krumholz, L. A.; Foster, R. F., 1957: Accumulation and retention of radioactivity from fission products and other radiomaterials by fresh water organisms. The effects of atomic radiation on oceanography and fisheries. Pubbl. No. **551**, 88—95.

Polikarpov, G. G., 1960: O nakoplenii oskoločnych radioizotopov morskimi organizmami (Über die Anreicherung von Spaltprodukten durch Meeresorganismen). Naučnye doklady vysšej skoly, Biol. Nauki Nr. **3**, 97—105.

Steenbeck, M., 1958: Energiequelle Atom. Bergakademie **9**, 459—467.

Timofeeva-Resovskaja, E. A.; Timofeev-Resovskij, N. V., 1960: O vlijanii EDTA na koefizienty nakoplenija različnych radioaktivnych izotopov iz vodnogo rastvora presnovodnymi rastenijami. (Über den Einfluß des EDTA auf die Anreicherung verschiedener Isotope aus wäßriger Lösung durch Süßwasserpflanzen). Dokl. Akad. Nauk. SSSR, **130**, 210—213.

Timofeev-Resovskij, N. V., 1957: Primenenie izlučenii i izlučatelej v eksperimental'noj biogeocenologii. (Die Verwendung von Strahlung und Strahlern in der experimentellen Biogeocönologie). Botan. Žurnal **42**, 161—194.

Anschrift des Verfassers:

Dr. Roland Glaser
Berlin-Buch, Institut für Medizin und Biologie,
AB Angew. Isotopenforschung

Limnologica (Berlin)	1	1	1962	65—82

Aus der Forschungsstelle für Limnologie
der Deutschen Akademie der Wissenschaften zu Berlin, Jena-Lobeda
Leiter: Dozent Dr. habil. Th. Schräder

BRIGITTE KOCH-ALTHAUS

Weitere neue und bemerkenswerte Rotatorien aus dem Stechlinsee

Mit 10 Abbildungen

1. Einleitung

Der Große Stechlinsee liegt im Gebiet der baltischen Endmoränen im nördlichen Brandenburg; er ist 4,2 km² groß und maximal 62,5 m tief. Er ist ausgesprochen oligotroph; der pH-Wert, der für die Verbreitung der Rotatorien eine wichtige Rolle spielt, liegt beim Neutralpunkt.

Der Große Stechlin hat einen geringen Abfluß über den Kleinen Stechlin und den Gerlinsee zum Nehmitzsee. Diese ursprüngliche Grabenverbindung ist im Zusammenhang mit dem Bau des Atomkraftwerks am Großen Stechlin in den letzten Jahren zu einem breiten Kanal ausgebaut worden, wobei der Kleine Stechlin praktisch verschwunden ist. Das Gewässersystem Stechlinsee-Nehmitzsee steht durch einen vom Nehmitzsee ausgehenden Abflußgraben über den Roofensee mit der Havel in Verbindung.

Der Bau des Atomkraftwerks am Großen Stechlin und die Absicht, die Wassermassen des Stechlin- und Nehmitzsees im Kreislauf als Kühlwasser des Kraftwerks zu verwenden, war die Veranlassung, daß die Forschungsstelle für Limnologie im Sommer 1959 mit einer umfassenden limnologischen Bestandsaufnahme im Gebiet des Stechlin begann. Später können dann nach Inbetriebnahme des Kraftwerks die infolge der Änderung der Thermik der Gewässer eintretenden biologischen Veränderungen erfaßt werden. Im Rahmen dieser Arbeiten erfolgt auch eine eingehende Untersuchung der Tiergruppe der Rotatorien, und zwar sowohl im Pelagial der Gewässer wie im Litoral und Psammal.

Die Gesamtergebnisse der faunistisch-ökologischen Bestandsaufnahme der Rotatorien im Gebiete des Stechlinsees vor der bevorstehenden thermischen Veränderung der Gewässer sollen in einer späteren Arbeit vorgelegt werden. Nachdem ich bereits in einer ersten Mitteilung (Koch-Althaus 1961) die Beschreibung der bei meinen Untersuchungen festgestellten neuen Art *Cephalodella theodora* aus dem Stechlinsee gegeben habe, werden im vorliegenden Beitrag zunächst weitere bemerkenswerte Rotatorien aus dem Stechlinsee beschrieben, wobei es sich um weitere 4 neue Arten, 3 vermutlich neue Arten und 1 neue Unterart handelt.

2. Untersuchungsmethodik

Aus dem Großen Stechlin werden in regelmäßigen Abständen von etwa 3 bis 4 Wochen Proben des Oberflächenplanktons an den Stationen P_1 bis P_5 und Litoralproben an den Stationen L_1 bis L_7 (vgl. die Karte, Abb. 1) entnommen. Verwendet wird ein Planktonnetz von 13 cm Durchmesser aus Perlongaze Nr. 25.

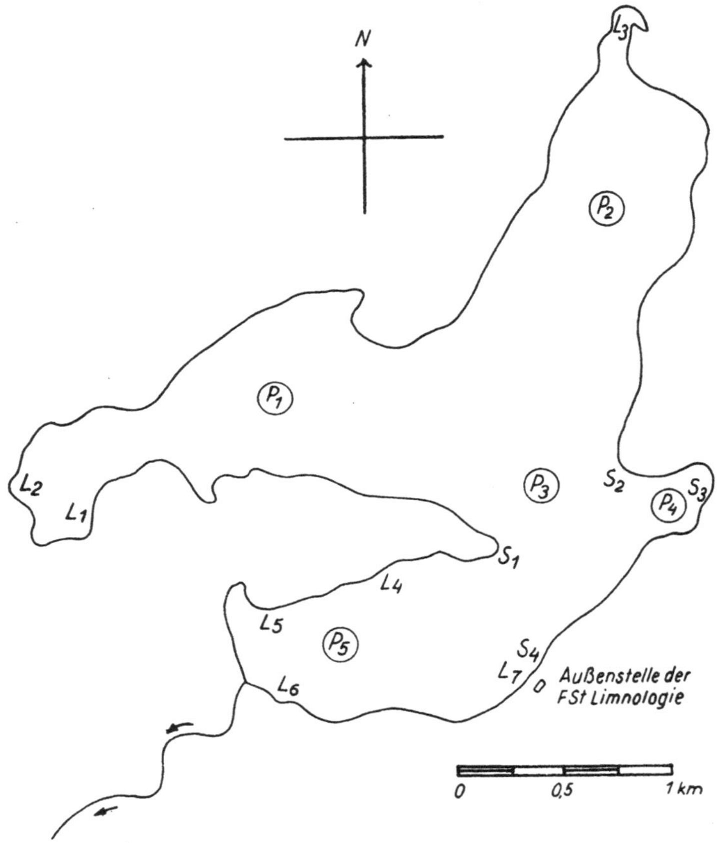

Abb. 1. Kartenskizze des Stechlinsees mit Angabe der Stationen der Probenentnahme.
P_1 bis P_5: Oberflächenplankton
L_1 bis L_7: Litoralproben
S_1 bis S_4: Psammalproben

Die hier besprochenen Funde aus dem Litoral entstammen Proben aus *Chara*-Beständen in etwa 1,5 m Wassertiefe.

Für die Entnahme der Sandproben des Psammals wird der von CARLIN entwickelte Wurfeimer benutzt; außerdem wird vom Boot aus die Oberfläche des Sandes mit einem Stocknetz (Pfahlkratzer) abgestreift. Der so gewonnene Sand wird unter Zugabe von Wasser in Schüsseln gefüllt. Die Sandbewohner wandern in diesen Schüsseln in die oberste Sandschicht, aus der sie mit einer Pipette leicht entnommen werden können. Das Psammal wurde bisher in ungleichen Zeitabständen an den Stationen S_1 bis S_4 untersucht.

Alle Rotatorien werden zunächst lebend beobachtet. Für die endgültige Bestimmung werden die loricaten Formen mit 2%igem Formol fixiert. Bei den illoricaten Formen wird der für die Bestimmung erforderliche Kauer mit Natriumhypochlorit isoliert. Alle Tiere wurden gezeichnet.

Bei der Bearbeitung der neuen Arten und Formen erfuhr ich bei mehreren Besuchen in Bad Lauchstädt wertvolle Hilfe und Beratung durch Herrn K. WULFERT, für die ich auch an dieser Stelle herzlich danke. Im Rahmen eines auf Antrag des Leiters der Forschungsstelle für Limnologie von der Deutschen Akademie der Wissenschaften zu Berlin genehmigten Studienaufenthalts in Konstanz und Karlsruhe hatte ich ferner Gelegenheit, den Rat von Herrn Dr. J. HAUER einzuholen, dem ich für seine freundliche Mühewaltung ebenfalls zu Dank verpflichtet bin.

3. Systematischer Teil

Vorbemerkungen:

Es werden durchweg folgende Abkürzungen verwendet:

Bibl. = Bibliographie (Literaturstelle, die zur Bestimmung oder Beschreibung des Tieres benutzt wurde.)
Lg. = Länge
Br. = Breite
Vork. = Vorkommen

Die Fundorte werden durch die Stationsnummern (vgl. die Karte, Abb. 1) wiedergegeben. Hinter der Angabe des Fundortes wird das jahreszeitliche Auftreten durch die Monatszahl (I bis XII) und die Jahreszahl vermerkt.

Die Häufigkeit des Auftretens wird wie folgt angegeben:

selten = Einzelfund
häufiger = 2 bis 4 Tiere in einer Probe
häufig = 5 bis 10 Tiere in einer Probe.

Encentrum spinosum n. sp. (Abb. 2)

Bibl.: WULFERT (1939).

Maße: *E. spinosum*: Lg. total 160 μ; Zehenlg. 19 μ; Kauerlg. 33 μ (geöffnet 27 μ); Manubria 25 μ; Fulcrum 10 μ; Unci 12 μ.
E. martes: Lg. total 280 μ; Zehenlg. 18 μ; Kauerlg. 32 μ; Manubria 25 μ; Fulcrum 11 μ; Unci 12 μ; Intramalleus 8 μ.

Vork.: Psammal S_1 III 1960; S_3 XII 1960; S_1 III 1961.

Artdiagnose: In seiner äußeren Gestalt ist das Tier der von WULFERT beschriebenen *E. martes* sehr ähnlich. Der ventralwärts gekrümmte Körper wirkt gedrungen. Der Kopf ist wenig schmaler als der Rumpf. Ein mittelgroßes Rostrum ist vorhanden, ein Schwanzanhang kaum ausgebildet. Der Körper ist deutlich durch Querfalten segmentiert. In der oberen Hälfte des Körpers ist die Kutikula gestreift. Die Zehen sind plump, leicht ventralwärts gebogen, zur

Basis hin verdickt. Diese Verdickung der Zehen tritt bei Deckglasdruck besonders hervor. Zehen mit Fensterbildung.

Der Kauer ist zart. Die Rami sind zweispitzig und zeigen an ihrem Innenrand jederseits am Grunde einen Dorn, den man deutlich bei 900facher Vergrößerung erkennen kann. Die Intramallei und Manubria sind an ihren Berührungsflächen

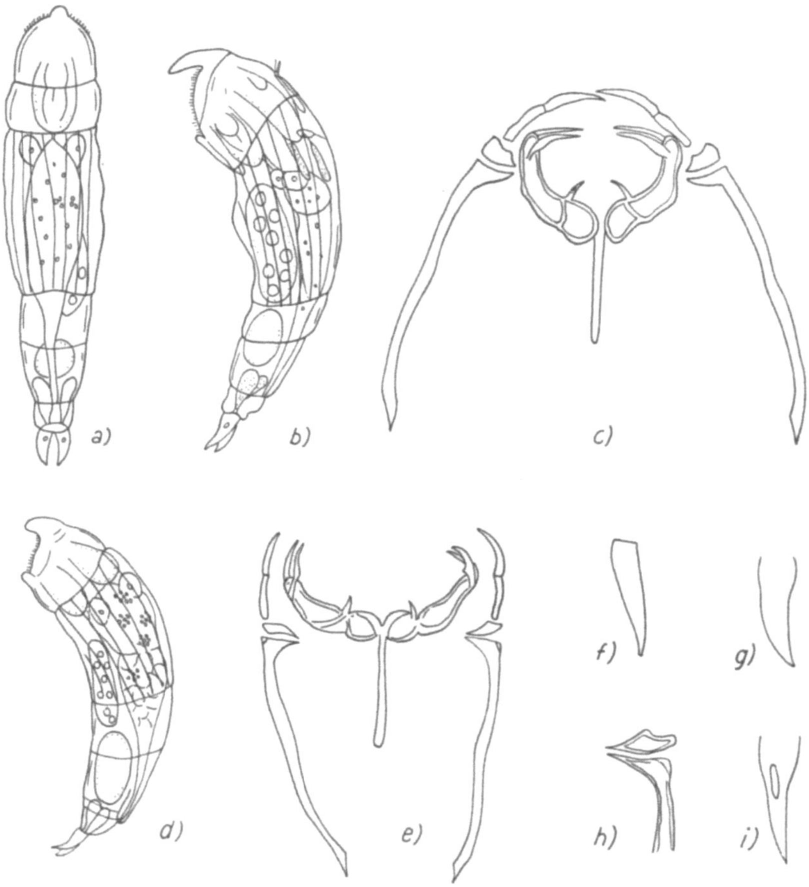

Abb. 2. *Encentrum spinosum* n. sp.

a) Aufsicht; b) Lateralansicht; c) geschlossener Kauer, stärker vergr.; d) zweites Exemplar in Lateralansicht; e) geöffneter Kauer, stärker vergr.; f) Fulcrum, seitlich; g) Zehe, stärker vergr.; h) Intramalleus und Manubrium-Oberteil; i) Zehe eines weiteren Exemplars, stärker vergr.

vogelschnabelähnlich ausgezogen. Erst durch bestimmte Drehung beider Teile unter Deckglasdruck kommen die Verbreiterungen zur Ansicht. Das Fulcrum ist einfach und in der Seitenansicht gerade, im Gegensatz zu *E. martes*, wo es geschwungen erscheint. Die Unci sind kräftig, in Spitze und Schaft geteilt. Das Fehlen der für *E. martes* so charakteristischen Supramanubria und das Vorhandensein der Ramidornen trennen *E. spinosum* von *E. martes*.

Der braun-grüne Magen und der Darm sind getrennt. Runde Magendrüsen sitzen dem Magen auf. Eine große Blase und kräftige Fußdrüsen sind vorhanden.

Dotterstock mit 8 Kernen.

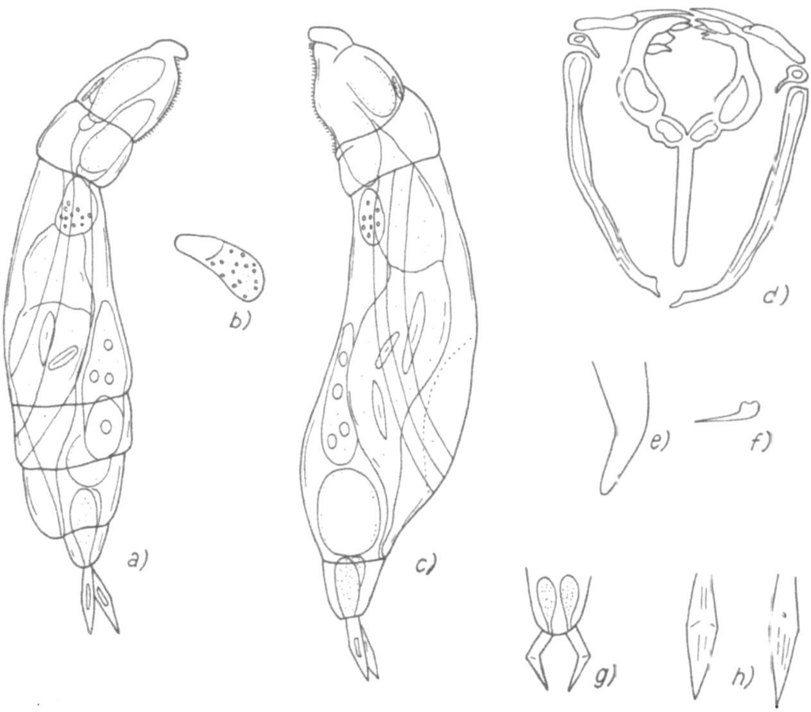

Abb. 3. *Encentrum stechlinensis* n. sp.
a) Lateralansicht; b) Magendrüse; c) Lateralansicht eines zweiten Exemplars; d) Kauer, stärker vergr.; e) Fulcrum, seitlich; f) Intramalleus; g) Zehen, geknickt, und Fußdrüsen; h) Zehen, stärker vergr.

Mit dem Gehirn stehen drüsige Gebilde in Verbindung (?), Augen fehlen.

Das Tier wurde im Psammal im März und Dezember gefunden. Es war sehr häufig.

Encentrum stechlinensis n. sp. (Abb. 3)

Bibl.: Wulfert (1950).

Maße: *E. stechlinensis*: Lg. total 275—300 μ; Zehenlg. 25—35 μ; Kauerlg. 25—29 μ; Manubria 23—24 μ; Rami 10 μ; Fulcrum 9 μ; Unci 11 μ.

E. sorex: Lg. total 105—125 μ; Zehenlg. 10 μ; Kauerlg. 24 μ; Manubria 16—18 μ; Incus 14 μ; Fulcrum 7 μ; Unci 5 μ; Intramallei 8,5 μ.

Vork.: S_3 XII 1960; S_1 II 1961.

Artdiagnose: Die Maße des *E. stechlinensis* weichen von denen des *E. sorex* stark ab, jedoch stimmen die Größenverhältnisse des Körpers zu den Zehen bei beiden Arten überein.

Die Körperhaltung und der Bau des Kauers sind ähnlich.

E. stechlinensis ist fast dreimal so groß wie *E. sorex*. Der Körper ist durch Querfalten geteilt; es konnten etwa 6 Abschnitte gesehen werden (*E. sorex*: 7). Der Halsteil ist schmal wie bei *E. sorex*, und wie bei diesem Tier ziehen Falten zum mittleren Rücken. Charakteristisch ist das Einbuchten der Rückenlinie bei bestimmter Haltung. In der Zeichnung (Abb. 3 c) gibt die gestrichelte Linie die „Rückendelle“ an.

Die Mündung des Intestinums markiert sich deutlich und setzt die Kutikula als Falte (Schwanzanhang ?) ab. Ein mittelgroßes Rostrum steht über einem fast senkrechten Wimperfeld.

Von abweichendem Bau sind die Zehen. Während *E. sorex* ventral angeschwollene Zehen mit deutlichen Spitzen besitzt, verlaufen die dorsale und ventrale Linie der Zehen von *E. stechlinensis* fast parallel. Ihre größte Breite liegt nicht an der Zehenbasis wie bei *E. sorex*, sondern in der Zehenmitte; von hier laufen die Linien zu einer Spitze aus. Die Zehen sind knickbar.

Am Darmtrakt sind bemerkenswert die länglichen zweiteiligen Magendrüsen, die zum Teil mit Bläschen angefüllt sind und mit dem Gehirn in Verbindung stehen. Der gelb bis bräunlich gefärbte Darmtrakt ist in Magen und Darm geteilt.

Die Art gehört zu den Diatomeenfressern; für *E. sorex* werden als Nahrung Grünalgen angegeben.

Die Blase ist mittelgroß, die Fußdrüsen sind sehr kräftig. Im Gegensatz zu *E. sorex*, das 8 Dotterstockkerne besitzt, konnten für *E. stechlinensis* nur 4 festgestellt werden.

Der Kauer ist im Verhältnis zur Größe des Tieres klein. Die einzelnen Teile sind kräftig. Die fast kreisförmigen Rami haben zwei Spitzen. Am Innenrand der Rami scheinen auf der einen Seite außerdem noch zwei und auf der anderen Seite ein Zahn vorhanden zu sein. Die Beschaffenheit der Rami ist nur bei starker Vergrößerung (900fach) annähernd zu erkennen. Die Unci sind einfach, die Intramallei zu einem langen Dorn ausgezogen. Das Fulcrum ist gerade, in der Seitenansicht leicht gebogen und zur Basis verbreitert.

E. stechlinensis wurde häufiger im Dezember und Februar im Sandboden beobachtet. Nach ihrem ersten Fundort, dem Stechlinsee, habe ich der Art ihren Namen gegeben.

Itura pseudoaurita n. sp. ?(?KOCH-ALTHAUS) (Abb. 4)

Bibl.: WULFERT (1935).

Maße: *I. pseudoaurita*: Lg. total 150—160 μ; Zehenlg. 14 μ; Kauerlg. 38 μ; Fulcrum 17 μ; Rami 19 μ; Manubria 31 μ; Unci 17 und 19μ.

I. aurita var. *intermedia*: Lg. total 200—360 μ; Kauerlg. 42—48 μ; Zehenlg. 17—21 μ.

I. aurita: Lg. total 210 μ; Zehenlg. 16 μ; Kauerlg. 38—42 μ.

Vork.: L_1 oder L_2 VIII 1960.

Artdiagnose: WULFERT (1935) weist darauf hin, daß die *Itura*-Arten eine große äußere Ähnlichkeit verbindet und deshalb besonderer Wert auf die Kauerausbildung gelegt werden muß. *I. pseudoaurita* ähnelt der *I. aurita* var. *intermedia*. Das Tier aus dem Stechlinsee ist kleiner als die ursprüngliche Art *I. aurita* und als *I. aurita* var. *intermedia*. Ihre Figur ist schlank; die Wimperohren können eingezogen werden und sind nicht starr, wie VOIGT (1957) angibt. Die Kutikula ist gestreift. Der zweigliedrige Fuß ist lang und schmal, er wird von den Fußdrüsen ganz ausgefüllt. Das erste Fußglied ist dorsal etwas herabgezogen; es erscheint manchmal in der Lateralansicht wie ein Zapfen. Die Zehen sind kegelförmig zugespitzt; die Spitzen sind beweglich. Das Wimperfeld zieht sich ventral bis zur Körpermitte herunter. Das Ganglion reicht über die Nackenfalte hinaus.

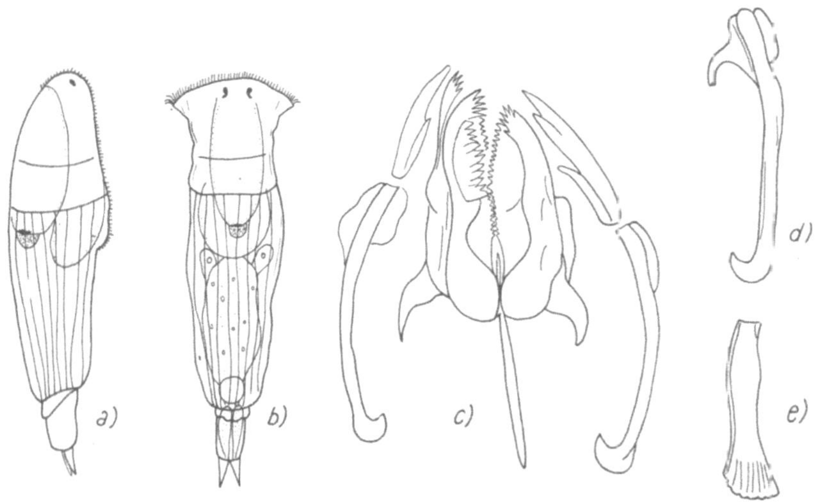

Abb. 4. *Itura pseudoaurita* n. sp. ? (? KOCH-ALTHAUS).
a) Lateralansicht; b) Aufsicht; c) Kauer, stärker vergr.; d) Manubrium; e) Fulcrum, seitlich

Ein rundlicher, mit dunklen Granula gefüllter Retrocerebralsack ist vorhanden. Dem schwach bräunlich gefärbten Magendarm sitzen rundliche Magendrüsen auf. Die kleine Blase sitzt oberhalb der Fußdrüsen.

Bemerkenswert ist der Bau des Kauers. Bei flüchtiger Betrachtung gleicht er dem von *I. aurita* var. *intermedia*. Die Alulae sind wie dort asymmetrisch ausgebildet; auch die Manubria weisen am Grunde die zweizipfeligen Zapfen, die den Rami zugewandt sind, auf. Vollkommen abweichend sind die Unci ausgebildet, von denen der linke Uncus einen großen und einen kleinen Zahn, der rechte einen großen Zahn und zwei kleine Zähne zeigt. Außerdem haben beide Rami an ihrer Innenseite eine feine gezähnte Lamelle; dieses findet sich bei der von HARRING und MYERS (1928) beschriebenen *I. chamadis*, mit deren Kauer *I. pseudoaurita* sonst kaum etwas gemein hat. Auf der linken Seite des Ramus setzt sich die Lamelle in ein handförmiges Gebilde (Supraramus?) fort. Das Fulcrum ist seitlich brettartig geformt; seine Seitenlinien sind stärker geschwungen als bei *I. aurita* var. *intermedia*.

Auf Grund der eigenartigen Kauerbildung nehme ich an, daß es sich in diesem Fall um eine selbständige neue Art handelt. Ich verwende jedoch die Nomenclatura aperta, bis die Art durch weitere Funde als gesichert angesehen werden kann.

Das Tier wurde einmal im August gefunden.

Euchlanis mikropous n. sp. ? (? KOCH-ALTHAUS) (Abb. 5)

Bibl.: VOIGT (1957).
Maße: Lg, 165—180 μ; Br. 127—142 μ; obere Br. 42 μ; Zehenlg. 3—5 μ; hintere dorsale Öffnung, Höhe 42 μ; Fußplatte Br. 44 μ; Kauerlg. 27 μ; Fulcrum 9 μ; Manubria 24—31 μ; Unci 19 μ.
Vork.: L_1 V 1960; L_4 V 1960.

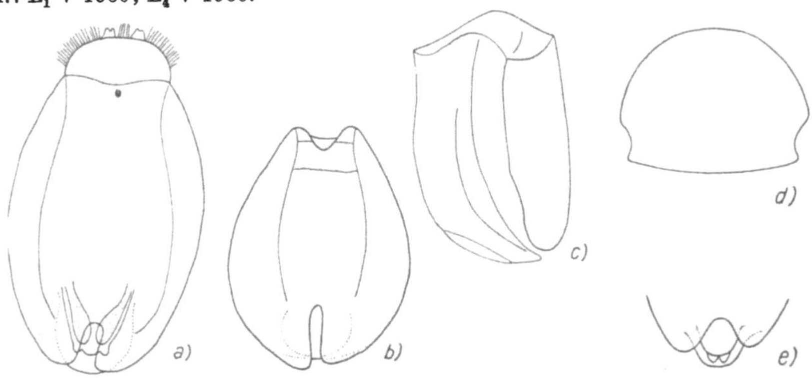

Abb. 5. *Euchlanis mikropous* n. sp. ? (? KOCH-ALTHAUS).
a) lebendes Tier, Aufsicht; b) fixiertes Tier, Aufsicht; c) Lateralansicht; d) Querschnitt; e) lebendes Tier, Fuß mit Zehen und Platte.

Artdiagnose: *Euchlanis mikropous* ist in seiner Zehenausbildung einmalig. An einem breiten, kurzen Fuß sitzen zwei sehr kleine, stumpfe Zehen. Bei einem lebenden Tier überragt der Fuß das Panzerende kaum. Vom Rücken aus gesehen liegt unter dem Fuß eine runde Platte (Dapidia), die mit dem Fuß fest verankert ist und sich in gleicher Weise wie dieser bewegt. Der Fuß kann nicht herausgesteckt werden. Die Vermutung, daß es sich um ein ♂ handelt, wird durch das Vorhandensein von Dotterstockkernen und das Tragen eines Eies zunichte gemacht. Im Darm wurden Diatomeen beobachtet.

Im fixierten Zustand hat der Panzer etwas Ähnlichkeit mit dem von *Euchlanis dilatata* EHRENBERG. Die Dorsalplatte ist gewölbt, ohne Kielbildung. Der Vorderrand ist eingebuchtet und am Hinterrand zeigt sie einen tiefen Schlitz. Die Ventralplatte scheint fast so groß zu sein wie die Dorsalplatte, so daß ihre Außenkonturen ziemlich zusammenfallen (?).

Wegen seines kurzen Fußes benenne ich das Tier *Euchlanis mikropous* und benutze die offene Namengebung, bis die Art durch weitere Funde gesichert ist. Die Form wurde im *Typha*-Aufwuchs und zwischen Characeen gefunden.

Cephalodella tenuis n. sp. (Abb. 6)

Bibl.: WULFERT (1938).
Maße: *C. tenuis*: Lg. 110—130 μ; Br. 15 μ; Zehenlg. 10—11 μ; Kauerlg. 27 μ; Fulcrum 14 μ; Rami 14 μ; Manubria 16 μ.
C. catellina: Lg. 80—140 μ; Zehenlg. 9—14 μ; Kauerlg. 27 μ.
Vork.: L_4 VI 1960.

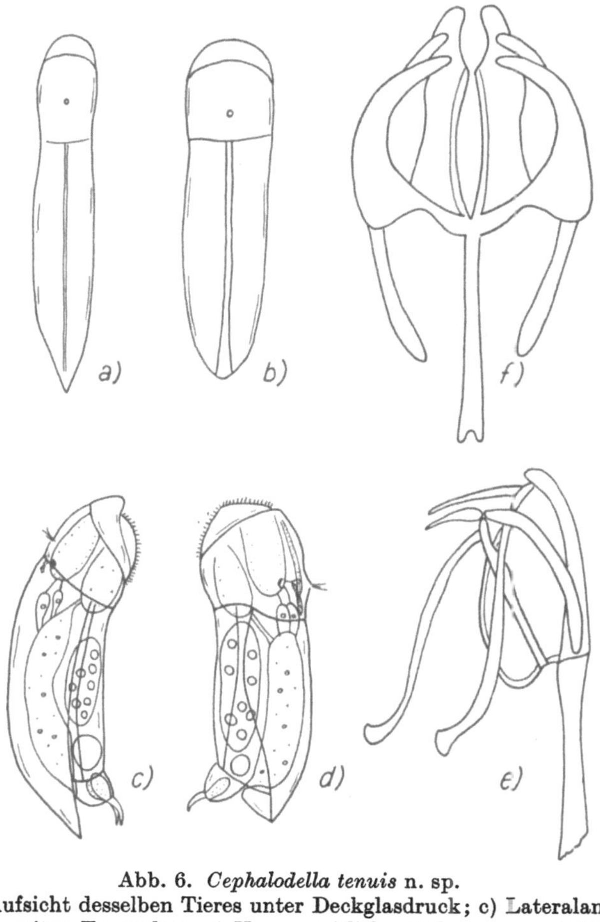

Abb. 6. ***Cephalodella tenuis*** **n. sp.**
a) Aufsicht; b) Aufsicht desselben Tieres unter Deckglasdruck; c) Lateralansicht; d) Lateralansicht eines zweiten Exemplars; e) Kauer, seitlich, stärker vergr.; f) Kauer, Aufsicht, stärker vergr.

Artdiagnose: In seiner äußeren Gestalt ist *C. tenuis* schwer mit einer anderen *Cephalodella*-Art zu vergleichen; am meisten ähnelt sie noch *C. catellina*. Im Körperbau weist sie jedoch sehr eigentümliche Merkmale auf, so daß ich, trotz der mangelhaften Kauerkenntnis, die Beschreibung des Tieres bereits veröffentlichen will.

Mit *C. catellina* hat *C. tenuis* den gewölbten Rücken, die Fuß- und Zehenhaltung gemeinsam. Die Zehen sind ein wenig dorsalwärts geschwungen. In der

Dorsalansicht sind Fuß und Zehen unter dem Körper verborgen; die dorsale Kutikula endet in einer Spitze, die durch Deckglasdruck gemildert werden kann (vgl. Abb. 6a u. b).

Das Tier ist sehr schmal. Das rot gefärbte Linsen-Cerebralauge trennt *C. tenuis* von *C. catellina*; ein Vergleich mit der Gruppe *C. doryphora, physalis, ventripes* und *mus*, die sich durch ein Cerebralauge und ventrale Fußhaltung auszeichnen, erübrigt sich, da *C. tenuis* mit diesen Arten keine Ähnlichkeit hat.

Das Wimperfeld steht schräg. Der Dorsaltaster befindet sich vor der Nackenfalte. Vom Ganglion ziehen feine Stränge zu dorsalwärts liegenden Gebilden. Der Kauer gehört dem Typ A an. Magen und Darm sind nicht getrennt. Die mit Granula gefüllten Magendrüsen stehen mit dem Gehirn in Verbindung. Eine kleine Blase ist vorhanden. Der Dotterstock enthält 8 Kerne. Die Fußdrüsen sind klein und birnenförmig.

Cephalodella tenuis wurde zweimal zwischen *Chara* im Juni angetroffen.

Cephalodella glandulosa n. sp. (Abb. 7)

Bibl.: MYERS (1934).

Maße: *C. glandulosa*: Lg. total 190—220 μ; Zehenlg. 29 μ; Kauerlg. 27—31 μ; Fulcrum 14—16 μ; Rami 16 μ (11 μ und 12 μ); Manubria links 14—19 μ, rechts 13—17 μ; Uncus 9 μ.

C. dorystoma: Lg. total 170 μ; Zehenlg. 20 μ.

Vork.: L_4 oder L_7 VIII 1960; L_4 X 1960; L_7 V 1961.

Artdiagnose: *Cephalodella glandulosa* hat mit *C. dorystoma* MYERS gemeinsame Merkmale. Sie ist etwas größer als die amerikanische Art; die Zehen machen etwa $^1/_7$ der Körpergröße aus, bei *C. dorystoma* $^1/_8$ bis $^1/_9$. Bei beiden Tieren fallen die großen Magendrüsen auf, die bei *C. glandulosa* eine Länge von 57 μ erreichen; MYERS vergleicht ihre Größe mit der des Mastax. Die Fußdrüsen sind in beiden Fällen lang und die Zehen sind einander in der Form ähnlich.

In der Gestalt weicht *C. glandulosa* von der amerikanischen *Cephalodella* ab. Während MYERS den Körper der *C. dorystoma* als spitz zulaufend beschreibt, besitzt *C. glandulosa* ihre größte Breite im unteren Viertel direkt über dem Fuß. Die Kutikula ist entweder gestreift, oder sie weist seitlich 3 Spalten auf; dies muß noch geklärt werden. Bei den Funden aus dem Stechlinsee handelt es sich bei Abb. 7a) wahrscheinlich um ein junges, bei Abb. 7b) und c) um ein älteres Tier. Die Verdickung der Zehen [bei Abb. 7a) und c) deutlich] wurde bei Abb. 7b) wohl übersehen. Ein fast den ganzen Fuß bedeckender Schwanzanhang ist vorhanden. Das Wimperfeld ist wie bei *C. dorystoma* hochgewölbt. Ein bräunlich granuliertes Gebilde liegt unterhalb des Gehirns zwischen den riesigen Magendrüsen. Es ist mit dem Gehirn durch einen Strang verbunden. Von MYERS wird ein klarer, ungefärbter Augenfleck auf dem Ganglion erwähnt, der bei *C. glandulosa* nicht beobachtet wurde. Am Mastax waren wenigstens 4 Speicheldrüsen sichtbar. Der Kauer wird von MYERS nur kurz beschrieben, leider nicht abgebildet. Er sagt darüber folgendes: „The mastax is relativly small. The fulcrum is slightly expanded posteriorly; the manubria are straight, slender rods, somewhat expanded at the tips.“ Bei der Kauerausbildung scheinen grundlegende Unterschiede zu bestehen; denn das Fulcrum von *C. glandulosa* ist am Ende nicht verdickt, auch die Manubria sind es kaum. Von der bei *C. glandulosa* auffälligen „Asymmetrie“ erwähnt Myers nichts. Der Kauer der *C. glandulosa* ist sehr

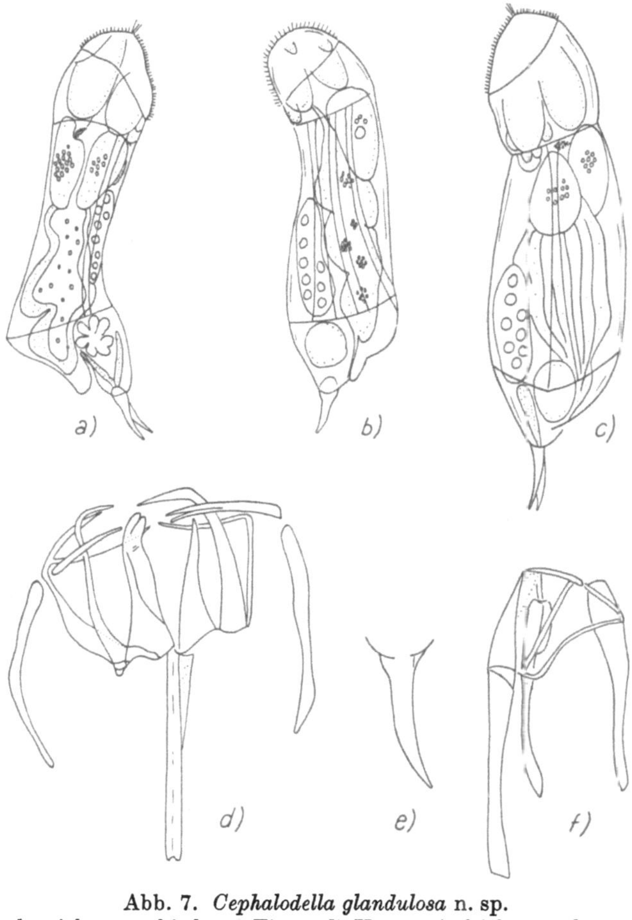

Abb. 7. *Cephalodella glandulosa* n. sp.
a) bis c) Lateralansicht verschiedener Tiere; d) Kauer, Aufsicht, stärker vergr.; e) Zehe, stärker vergr.; f) Kauer, Lateralansicht, stärker vergr.

zierlich, aber nicht schmal. Die Rami, Unci und Manubria sind auf beiden Seiten nicht gleich. Der innere Teil des linken Ramus scheint zweizähnig zu sein; er überragt den rechten einfachen Teil. Das äußere Ramusstück endet jederseits in verschieden starken scharfen Spitzen. Der rechte zweispitzige Uncus ist kräftiger als der einspitzige linke; dagegen ist das linke Manubrium stärker als das rechte. Vom Ramigrund ragen auf beiden Seiten zarte Stäbe auf (Pleuralstäbe?), von denen der linke wohl gegabelt ist. Das Fulcrum ist am Ende geteilt und verjüngt sich ein wenig zur Basis zu.

Der Darm ist sehr faltig und enthielt in einem Fall grüne Algen. 8 Dotterstockkerne wurden gesehen, MYERS bildet nur 4 Kerne ab. Die Blase ist groß.

Trotz einzelner Übereinstimmungen überwiegen die Abweichungen in der Körper-, Organ- und Zehenausbildung und Gestalt des Kauers, so daß die Aufstellung einer neuen Art berechtigt erscheint. Wegen der großen Magendrüsen benenne ich sie *Cephalodella glandulosa*.

C. glandulosa wurde zwischen *Chara* im Mai, August und Oktober beobachtet. Sie ist ein lebhaftes, häufig rotierendes Rädertier.

Cephalodella psammophila n. sp. ? (? KOCH-ALTHAUS) (Abb. 8)

Bibl.: MYERS (1924); WULFERT (1940).
Maße: *C. psammophila*: Lg. total 180—190 μ; Zehenlg. 68—72 μ; Kauerlg. 31 μ; Rami 12 μ; Fulcrum 19 μ; Manubria 21 μ.
C. nana MYERS: Lg. total 128—144 μ; Zehenlg. 38—44 μ; Kauerlg. 30—34 μ (nach WULFERT).
C. dorseyi MYERS: Lg. total 145—150 μ; Zehenlg. 50—54 μ.
Vork.: S_1 III 1960; S_1 IV 1960; S_1 II 1961.

Artdiagnose: In ihrer Gestalt hat *Cephalodella psammophila* Ähnlichkeit mit dem von WULFERT (1940) als *C. nana* bezeichneten Rotator und der amerikanischen *C. dorseyi* MYERS. Von beiden Arten unterscheidet sich *C. psammophila* durch ihre Zehen, ihre Größe und ein anderes Größenverhältnis der Zehen zum Rumpf. Dieses beträgt bei ihr 7:11 bzw. 7:12, während es bei den zum Vergleich angeführten Arten etwa 1:2 ausmacht. Die Zehen der *C. psammophila* sind also länger. Sie sind eigenartig geschwungen und enden in einer Kralle, die im Gegensatz zur Kralle der *C. dorseyi* zum Rücken hinzeigt. Die Zehen stehen am Grunde zusammen und nicht wie bei *C. dorseyi* weit auseinander. Ich möchte *C. dorseyi* wegen ihrer auffallenden und abweichenden Zehenbildung aus dem weiteren Vergleich ausschließen und *C. psammophila* nunmehr gegen die *C. nana* MYERS, die WULFERT abgebildet hat[1]), absetzen.

Der Kopf ist nicht auffallend groß wie bei *C. nana*. Ein schräg gestelltes, vorgewölbtes Wimperfeld ist bei beiden Arten vorhanden; die Lippen treten bei *C. psammophila* deutlich hervor. Das Tier ist schmal, der Rücken hochgewölbt. Nur eine von zwei Zeichnungen der Dorsalaufsicht zeigt den Kopf etwas breiter als den Rumpf; in ausgeprägter Form ist es ein Hauptmerkmal der *C. nana*. Beiden Arten ist ferner gemeinsam: Ein rotes Cerebralauge, Sitz des Dorsaltasters vor der Nackenfalte, der Besitz von 8 Dotterstockkernen, kleine Magendrüsen und Sinnesborsten am Fuß, die bei *C. psammophila* eine Länge von etwa 40 μ erreichen. Abweichend von *C. nana* sind folgende Merkmale: Der Schwanzanhang ist nur halb so lang wie der Fuß und erreicht nicht wie bei *C. nana* das Fußende. — Die Zehen unterscheiden sich, wie oben bereits ausgeführt, durch ihre verschiedene

[1]) Es ist durchaus möglich, daß es sich hier nicht um eine *Cephalodella nana*, sondern um eine gute neue Art handelt.

Länge und die Krallenbildung bei *C. psammophila*; außerdem sind sie am Grunde nicht knollig angeschwollen. — Der Magen ist vom Darm nicht abgesetzt. Das Intestinum ist bräunlich-gelb gefärbt und enthielt Diatomeen; für *C. nana* sind Grünalgen als Nahrung angegeben. *C. psammophila* hat als Blase ein pulsierendes über den Fußdrüsen gelegenes Häutchen. WULFERT bildet *C. nana* mit einer mittelgroßen Blase ab. — Die Kauer gehören beide dem von WULFERT aufgestellten Typ A an. Die seitliche Ansicht des Fulcrums ist verschieden und im Bau der Rami sind kleine Abweichungen. Die Zeichnung der Aufsicht des Kauers ist sehr wahrscheinlich unvollkommen; sie bedarf der Überprüfung.

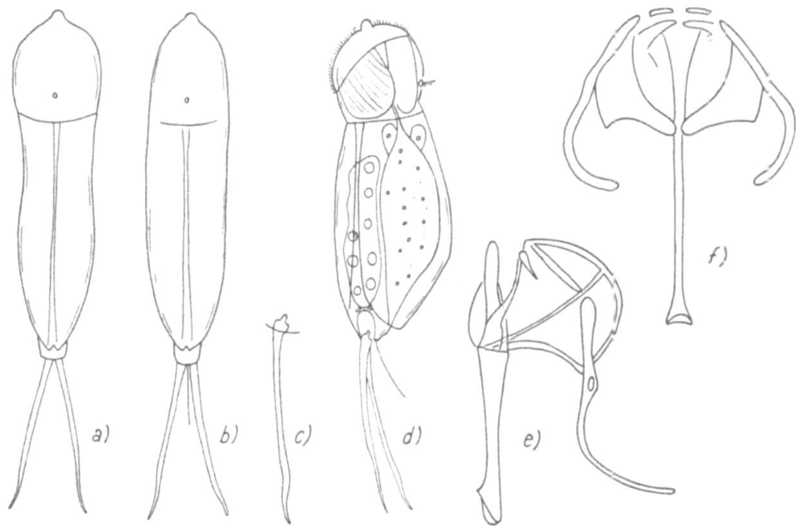

Abb. 8. *Cephalodella psammophila* n. sp. ? (? KOCH-ALTHAUS).
a) und b) Aufsicht verschiedener Tiere; c) Zehe, etwas stärker vergr.; d) Lateralansicht; e) Kauer, seitlich, stärker vergr.; f) Kauer, Aufsicht, stärker vergr.

Auf Grund der oben angeführten Merkmale gebe ich den Tieren aus dem Stechlinsee vorläufig nach den Regeln der offenen Namengebung den Namen *Cephalodella psammophila*. Im Laufe der Zeit wird es sich zeigen, ob es sich um eine sichere gute Art handelt.

Cephalodella psammophila wurde häufiger im Sandboden in den Monaten Februar, März und April angetroffen.

Lindia euchromatica EDMONDSON *europaea* n. subsp. (Abb. 9)

Bibl.: EDMONDSON (1938), VOIGT (1957).
Maße: *L. euchromatica europaea*: Lg. total 200 μ; Zehenlg. 10 μ; Kauerlg. 43 μ; Kauerbr. 48 μ; Fulcrum 9 μ; Manubria 25 μ; Rami 16 μ
L. euchromatica: Lg. total 300 μ; Zehenlg. 10 μ; Kauerlg. 35 μ; Kauerbr. 65 μ.
L. truncata (JENNINGS): Lg. total 280—340 μ; Zehenlg. 8—15 μ; Kauerlg. 30 μ.
Vork.: L_7 VII 1960.

Unterart-Diagnose: Die *Lindia* aus dem Stechlinsee ist der amerikanischen *L. euchromatica* und der *L. truncata* in Gestalt und innerer Organisation ähnlich; ich möchte sie zunächst als Unterart, zum Kreis der *L. euchrcmatica* gehörig, bezeichnen, da sie im Kauerbau von dieser weniger abweicht als von *L. truncata*. Das Tier ist von gelb-bräunlicher Farbe; EDMONDSON führt für seine Art braun-

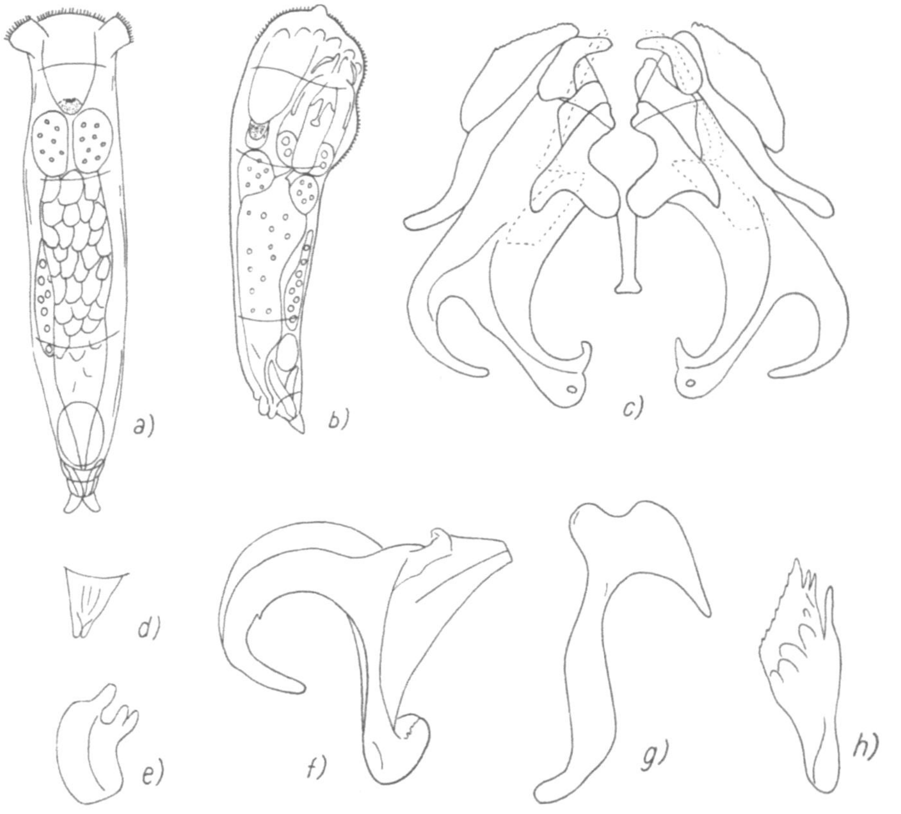

Abb. 9. *Lindia euchromatica* EDMONDSON *europaea* n. subsp.

a) Aufsicht; b) Lateralansicht; c) Kauer, stärker vergr.; d) Zehe, stärker vergr.; e) Uncus; f) Manubrium; g) Epipharynx; h) Lamelle, zum Epipharynx gehörig (?).

orange an. Das „Abdomen" ist nicht so stark abgerundet wie bei der *L. euchromatica*; in der Seitenansicht tritt der After deutlich zweizipfelig hervor. Der Fuß ist kaum angedeutet; aber die Beobachtung der Zehen machte weder in der Dorsalansicht noch in der Lateralansicht Schwierigkeiten, während EDMONDSON von der Mühe, die Zehen in der Aufsicht zu betrachten, berichtet. In der Aufsicht haben die Zehen keine Ähnlichkeit miteinander. Die Wimperohren wurden selten ausgestülpt. Bei *L. eurochrcmatica* haben sie eine eigenartige zylindrische

Form, und ihre Bewimperung steht nicht mit der Corona in Verbindung. Die Wimperohren der *Lindia* aus dem Stechlinsee sind kürzer; die Bewimperungsart wurde nicht sicher festgestellt. Das Wimperfeld zieht sich bei *L. eurochromatica europaea* ventral etwa $^1/_3$ der Körperlänge herab, bei *L. euchromatica* $^1/_4$.

Die Rami und Manubria sind sehr ähnlich gebaut. Die Fulcrumlänge, die bei *L. euchromatica* weniger als die Hälfte der Rami beträgt, nimmt bei dem deutschen Tier gut die Hälfte der Ramiausdehnung ein. Es ist am Ende deutlich etwas verbreitert, im Gegensatz zum schmal endenden Fulcrum der *L. euchromatica*. Die Unci scheinen sich völlig zu unterscheiden. Besitzt die amerikanische Art einfache stabförmige Unci, so hat *L. euchromatica europaea* rundliche gedrungene Unci mit mehreren Zähnen. Für eine Seite wurden 3 Zähne festgestellt; ob diese Anzahl auch für die zweite Seite zutrifft, ist nicht geklärt worden. Der Epipharynx ist bei beiden Trophi hammerförmig; er besteht aus 2 Teilen, wie es EDMONDSON für seine Art beschreibt; 2 Lamellen, die seitlich des Epipharynx sitzen, wurden beim Zersprengen des Kauers gesichtet. Allerdings sind sie bei weitem größer als bei *L. euchromatica*. Ihre Länge beträgt 18 μ; ihre obere Kante ist gesägt. Außerdem wurden bei dem deutschen Fund zusätzlich zwei stabähnliche Gebilde beobachtet. In den folgenden Merkmalen ist kaum ein Unterschied festzustellen: Der Retrocerebralsack ist mit dunklen Granula angefüllt und wie das halbmondförmige violett-rote Cerebralauge gefärbt. Die riesigen Speicheldrüsen am Mastax waren mit großen Kernen gefüllt. Kräftige Magendrüsen sind vorhanden. Der Magen ist nicht vom Darm getrennt. Die Blase ist mittelgroß; die Fußdrüsen sind lang und schmal. *L. euchromatica* EDMONDSON hat eine besondere Lebensweise, die als Merkmal Beachtung findet muß. EDMONDSON schreibt: „Sie lebt in dem Schleim, der die Kolonien der *Gloeotrichia* umgibt, wo sie sich von Algenfäden ernährt und ihre Eier absetzt. Mehr als 5 *Lindia* und mehrere Eier können mitunter in einer Kolonie gesehen werden. Wenn man sie beunruhigt, schwimmen sie frei herum. Vor allem, wenn man die Tiere an der Oberfläche einer frischen Probe finden will, aber nach etwa einer Stunde setzten sie sich an den Pflanzen fest."

L. euchromatica europaea wurde im Stechlinsee zwischen Characeen im Juli einmal gefunden. Sollte es sich bei *L. euchromatica europaea* um ein der amerikanischen Art verwandtes Tier handeln, so ist sein Auftreten im Stechlin der erste Fundort in Mitteleuropa und somit von tiergeographischer Bedeutung.

Dicranophorus esox HAUER (Abb. 10)

Bibl.: HAUER (1938).

Maße: Tier aus dem Stechlinsee: Lg. total 475—500 μ; Zehenlg. 27,5—29 μ; Kauerlg. 53—58 μ; Rami 47—48 μ; Fulcrum 9—11 μ; Manubria 27—33 μ; Unci 27—33 μ; Intramallei 4—5 μ.

D. esox nach HAUER: Lg. total 265 μ; Zehenlg. 28 μ; Rami 48 μ; Fulcrum 9 μ; Manubria 31 μ; Unci 32 μ; Intramallei ca. 7 μ.

Vork.: S_1 III 1960; S_1 III 1961.

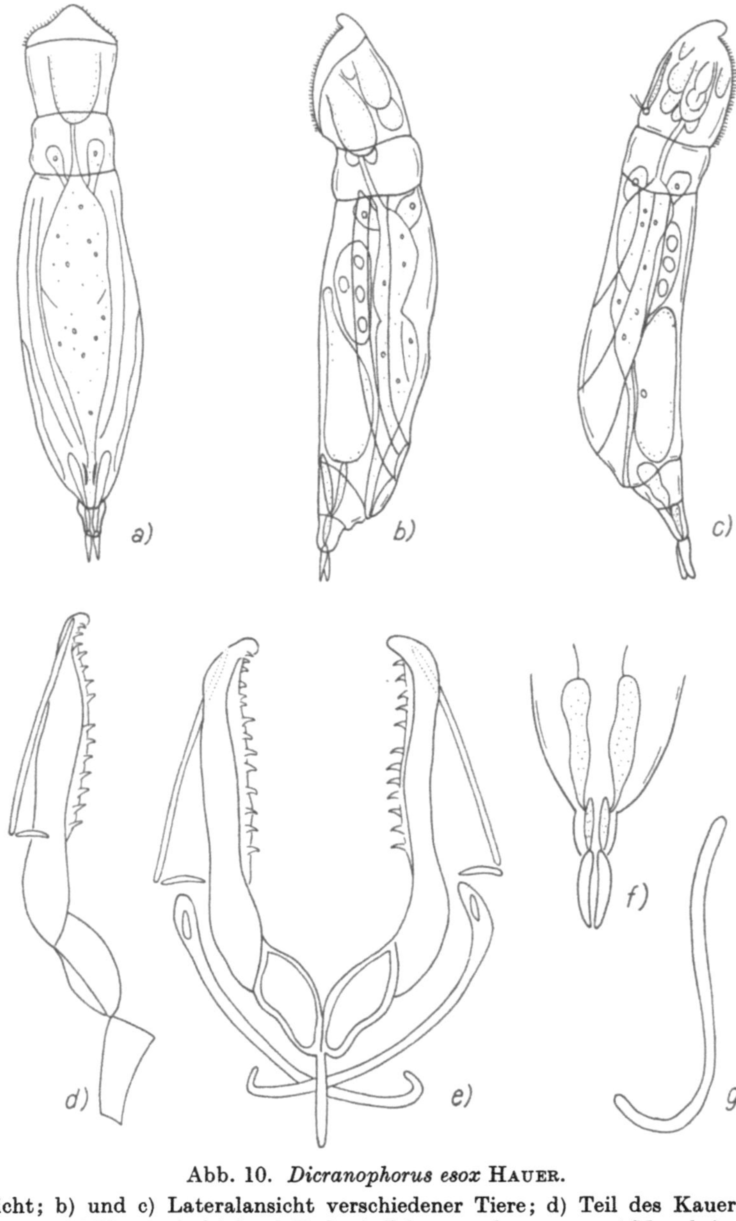

Abb. 10. *Dicranophorus esox* HAUER.

a) Aufsicht; b) und c) Lateralansicht verschiedener Tiere; d) Teil des Kauers, seitlich, stärker vergr.; e) Kauer, Aufsicht; f) Fuß mit Zehen, stärker vergr.; g) Manubrium, seitlich.

Artdiagnose: HAUER beschreibt diese Art nach einem toten Exemplar auf Grund des ungewöhnlichen Baues des Kauers. Dieser ist so eindeutig, daß die Funde aus dem Stechlin danach als *Dicranophorus esox* identifiziert und die noch ausstehende Lebendabbildung des Tieres nachgetragen werden konnte. Das Fulcrum ist schmal und kurz. Die Trapezform der Seitenansicht ist in Abb. 10 c) zu erkennen: die untere Linie fällt schräg ab. Der Innenrand der Rami ist gezähnt; bei den Stechlinsee-Exemplaren wurden 13—14 Zähne gezählt. HAUER gibt 18—19 an; die Anzahl scheint zu schwanken. Die Manubria sind stark geschwungen. Die Unci gleichen dünnen langen Stäben und die Intramallei sind schmale feine Zwischenstücke.

D. esox ist ein glasklares wurmförmiges Tier; nur der Darm ist braun gefärbt. Das Rostrum ist mittelkräftig; es steht über einem ventralwärts herabgezogenen Wimperfeld. Ein Nackensegment ist vorhanden. Vor der Nackenfalte ist gut der Dorsaltaster zu erkennen: oberhalb des Ganglions liegen feine Stränge, die mit dem Taster in Verbindung stehen. Der Fuß ist zweigliedrig; er trägt verhältnismäßig kleine Zehen, die bei den einzelnen Funden etwas in ihrer Ausbildung voneinander abweichen [vergl. Abb. 10 b) und c)]. Vom Nackensegment ziehen Kutikularfalten dorsalwärts; sie deuten einen kleinen Kiel an. Bei der Kontraktion zeigt die Kutikula Querringelung, die beim gestreckten Tier nicht sichtbar wird. Am Mastax wurden zwei Speicheldrüsen beobachtet. Auf einen mittellangen Oesophagus folgt der Magendarm, der mit Ölkugeln angefüllt ist. Ihm sitzen runde bis längliche granulierte Magendrüsen auf. Eine Riesenblase füllt fast die Hälfte des Körpers aus. Das längliche Ovar, durch feine Granulation grau gefärbt, läßt erst beim gequetschten Tier 8 große Dotterstockkerne erkennen. Die Fußdrüsen haben Reservoire. Augen sind nicht vorhanden. Ein kleiner Retrocerebralsack scheint am Gehirn abgesetzt zu sein. Drüsige Gewebestränge durchziehen den Körper. Am Beginn des letzten Körperdrittels wurde ein runder lichtbrechender Fleck gesichtet, der vielleicht den Lateraltaster andeutet.

Dicranophorus esox ist ein sehr lebhaftes Tier. Er wurde im März häufiger im Sandboden gefunden.

Zusammenfassung

In der vorliegenden Arbeit wird eine kurze Einführung in das Untersuchungsgebiet gegeben. Nach einigen Bemerkungen zur Untersuchungsmethodik folgt im systematischen Teil die Beschreibung von vier neuen Arten, drei vermutlich neuen Arten, einer neuen Unterart und die ergänzende Beschreibung von *Dicranophorus esox* HAUER.

Die vier neuen Arten sind:

Encentrum spinosum n. sp.
Encentrum stechlinensis n. sp.
Cephalodella tenuis n. sp.
Cephalodella glandulosa n. sp.

Die drei vermutlich neuen Arten sind:

Itura pseudoaurita n. sp. ? (? KOCH-ALTHAUS)
Euchlanis mikropous n. sp. ? (? KOCH-ALTHAUS)
Cephalodella psammophila n. sp. ? (? KOCH-ALTHAUS)

Die neue Unterart ist:

Lindia euchromatica europaea n. subsp.

Literatur

EDMONDSON, W. T., 1938: Three new species of Rotatoria. Trans. Am. Micr. Soc. **57**, 153—157.

EHRENBERG, C. G., 1838: Die Infusionsthierchen. Leipzig. 547 S.

HARRING, H. K. and F. J. MYERS, 1924: The Rotifer Fauna of Wisconsin II. Trans. Wisconsin Acad. Sci. **21**, 415—549.

HAUER, J., 1938: Zur Rotatorienfauna Deutschlands (VII). Zool. Anz. **123**, 218—219.

KOCH-ALTHAUS, B., 1961: *Cephalodella theodora* n. sp., ein neues Rotator aus dem Stechlinsee. Zool. Anz. **166**, 219—221.

MÖLLER, L., 1935: Stechlinsee und Sakrower See. Arch. Hydrobiol. **29**, 137—156.

MYERS, F. J., 1934: New Notommatidae of the Genus *Cephalodella*. Am. Mus. Nov. Nr. 699, 1—14.

REMANE, A., 1929: Rotatoria. In: GRIMPE-WAGLER, Die Tierwelt der Nord- und Ostsee. Leipzig. 156 S.

RICHTER, R., 1943: Einführung in die Zoologische Nomenklatur. Senckenberg. Naturf. Ges. Frankfurt/M. 154 S.

VOIGT, M., 1957: Die Rädertiere Mitteleuropas. Borntraeger, Berlin-Nikolassee. 508 S.

WULFERT, K., 1935: Beiträge zur Kenntnis der Rädertierfauna Deutschlands I. Arch. Hydrobiol. **28**, 583—602.

— 1938: Die Rädertiergattung *Cephalodella* Bory de Vincent. Arch. Naturgesch. **7**, 137—152.

— 1939: Beiträge zur Kenntnis der Rädertierfauna Deutschlands IV. Arch. Hydrobiol. **35**, 563—624.

— 1940: Rotatorien einiger ostdeutscher Torfmoore. Arch. Hydrobiol. **36**, 552—587.

— 1950: Das Naturschutzgebiet auf dem Glatzer Schneeberg. Arch. Hydrobiol. **44**, 441—471.

Anschrift der Verfasserin:
Dr. rer. nat. BRIGITTE KOCH-ALTHAUS
Jena-Lobeda, Alte Landstraße 3

Limnologica (Berlin)	1	1	1962	83—91

Aus der Forschungsstelle für Limnologie
der Deutschen Akademie der Wissenschaften zu Berlin, Jena-Lobeda
Leiter: Dozent Dr. habil. TH. SCHRÄDER

WILFRIED SCHÖNBORN

Neue Testaceen aus dem Großen Stechlinsee und dessen Umgebung

Mit 8 Abbildungen

Der überwiegende Teil der hier neu beschriebenen Testaceen stammt aus dem Großen Stechlinsee im nördlichen Brandenburg. Dieser See ist ein oligotrophes Gewässer; der pH-Wert liegt an der Oberfläche bei 7,1, in der Tiefe bei 6,5. Einige Formen stammen aus benachbarten Gewässern; die hydrologischen und limnologischen Daten dieser Gewässer sind im Text kurz angegeben.

Die aus dem Stechlinsee oder dem benachbarten Dagowsee beschriebenen Formen haben in diesen Seen keinerlei Beziehungen zu Moosen. Eine ausführliche Liste aller in diesen Seen gefundenen Testaceen wird in einer späteren Arbeit gegeben.

Im Rahmen eines dreiwöchigen Studienaufenthalts an der Hydrobiologischen Anstalt der Max-Planck-Gesellschaft in Plön (Holstein) hatte ich Gelegenheit, mit Herrn Dr. GROSPIETSCH meine Befunde zu diskutieren. Ich bin der Forschungsgemeinschaft der Deutschen Akademie der Wissenschaften zu Berlin für die Ermöglichung des Studienaufenthalts und Herrn Dr. TH. GROSPIETSCH für seine bereitwillige Unterstützung bei der Auswertung meiner Ergebnisse zu Dank verpflichtet.

Arcella hemisphaerica PERTY var. *angulata* nov. var. (Abb. 1)

Schale: Das kennzeichnende Merkmal ist das eckige Pseudostom. Es ist in der Regel siebeneckig, seltener fünf-, sechs- oder achteckig. CHARDEZ (1956) bildet in seiner Untersuchung über die Variabilität von *Arcella hemisphaerica* neben deformierten Pseudostomen auch ein unregelmäßig gezähneltes ab. Bei den von mir untersuchten Individuen war das Pseudostom regelmäßig und immer eckig, jedoch nie durch vorspringende Schalenpartien gezähnelt. Trotzdem wird es sich um den gleichen Variationstyp handeln. Da die hier beschriebene Varietät relativ häufig und ohne Übergänge auftrat, halte ich die Aufstellung einer neuen Varietät für berechtigt. Obwohl erhebliche Unterschiede zu der von CHARDEZ abgebildeten Form bestehen, möchte ich diese vorerst in die var. *angulata* einbeziehen.

Höhe μ	Durchmesser μ	H/D	Pseudostom-durchmesser μ
40	70	0,57	21,6
40	70	0,57	22
42	73	0,57	22
41	73	0,56	21,5

Die Schalenfarbe ist hellbraun; die Felderung der Schale relativ grob. Eine basale Ringfurche fehlt. Das Mundrohr ist stets vorhanden. Die Schalenoberfläche ist unduliert.

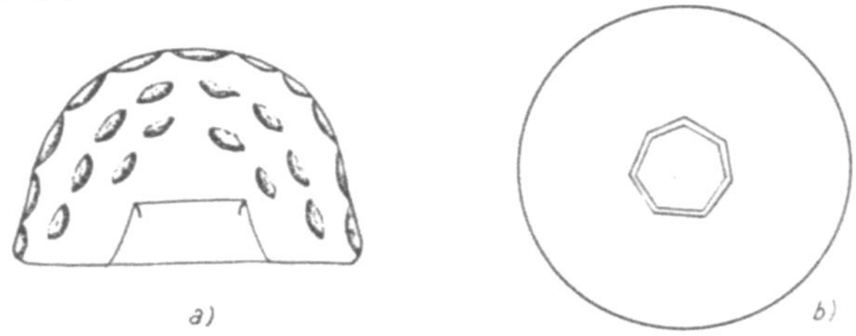

Abb. 1. *Arcella hemisphaerica* PERTY var. *angulata* nov. var.
a) Seitenansicht; b) Vorderansicht.

Protoplasma: Zwei Kerne mit zentralem Nukleolus; zwei bis drei kontraktile Vakuolen. Epipodien vorhanden. Lobopodien.

Fundort: Mehrmals im Profundal des Großen Stechlinsees. Der größte Teil der Individuen kam in einer Tiefe von 30 m vor.

Arcella catinus PENARD f. *undulata* nov. f. (Abb. 2)

Schale: Die Schalenoberfläche ist unduliert. Alle übrigen Merkmale stimmen mit der Stammart überein. Der Kiel der Schale ist nur schwach angedeutet. Die

Abb. 2. *Arcella catinus* PENARD f. *undulata* nov. f.
a) Seitenansicht b) Vorderansicht.

Zyste ist abgeplattet und buchtet die Schale oral vor. Der Schalenumriß ist leicht unregelmäßig. Das Pseudostom ist ebenfalls unregelmäßig gestaltet. Es ist umgeben von einem Kranz aus 16 bis 20 Poren. Die Schalenfarbe ist tiefbraun; die Felderung der Schale ist sehr fein.

Höhe µ	Durchmesser µ	H/D	Pseudostom-durchmesser µ
53	106	0,50	25
53	107	0,49	25
52	104	0,50	25

Diese Varietät hat Ähnlichkeit mit der von DEFLANDRE (1928) beschriebenen *Arcella artocrea* var. *pseudocatinus* (nach LEIDY, 1879, T. 30, Fig. 3—8). Die Unterschiede zwischen beiden Formen besitzen jedoch Artcharakter. Bei var. *pseudocatinus* DEFL. springt die untere Schalenhälfte stark hervor, so daß ein deutlicher Kiel entsteht, der zur Eingliederung der Form in die *Arcella artocrea* berechtigt. Ferner besitzt var. *pseudocatinus* einen Schalendurchmesser von 152 bis 156 µ, nähert sich also eher den Maßen von *A. artocrea* als denen von *A. catinus*.

Aus diesen dargestellten Gründen möchte ich mich nicht der Meinung von JUNG (1936) anschließen, nach der var. *pseudocatinus* zu *A. catinus* gehören soll. VAN OYE (1933) bezweifelt die Berechtigung der Existenz von var. *pseudocatinus*. Schenkt man jedoch den Darstellungen von LEIDY (1879) Glauben und vergleicht sie mit der hier beschriebenen eindeutig zu *A. catinus* gehörenden Form, so dürfte an der Berechtigung der *A. artocrea* var. *pseudocatinus* DEFL. kein Zweifel bestehen.

Protoplasma: Alle Individuen mit der arttypischen Zyste.

Fundort: Drei Individuen im nassen Sphagnetum eines kleinen Waldmoores (Teufelssee in der weiteren Umgebung des Großen Stechlinsees; pH 5,2).

Difflugia rubescens PENARD var. *brevicollis* nov. var. (Abb. 3)

Schale: Sie ist gedrungen bis oval. Der Schalenhals ist kurz und scharf vom Fundusteil abgesetzt. Keine basale Einengung des Halses. Die Schale ist lückenlos mit Quarzkörnchen besetzt, der Kitt ist farblos. Das Pseudostom ist rund.

Höhe µ	Breite µ	Pseudostom-durchmesser µ
80	60	18
82	60	18
78	58	17
73	55	16

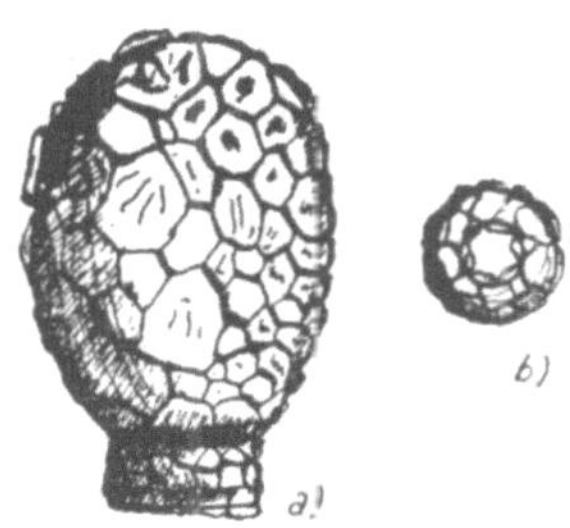

Abb. 3. *Difflugia rubescens* PENARD var. *brevicollis* nov. var. a) Seitenansicht; b) Vorderansicht.

Die Maße der Varietät liegen etwas über denen der Stammform und kommen der im Genfer See gefundenen Sonderform nahe. Die Varietät trat konstant (insgesamt wurden 12 Exemplare gefunden) zwischen Individuen der Stammform auf. Übergänge wurden nicht beobachtet.

Protoplasma: Das Plasma ist (wie bei der Stammform) orangerot. Der Kern ist kompakt mit rundem Nukleolus. Kontraktile Vakuolen wurden nicht beobachtet. Lobopodien.

Fundort: Im Großen Stechlinsee im Aufwuchs von *Chara* und anderen submersen Pflanzen.

Difflugia stechlinensis nov. spec. (Abb. 4)

Schale: Ihre Größenamplitude überschneidet sich mit der von *Difflugia pulex* PENARD. Jedoch überschreitet *D. pulex* 30 μ Schalenhöhe nur sehr selten, während die neue Art ein Mittel von über 30 μ hat.

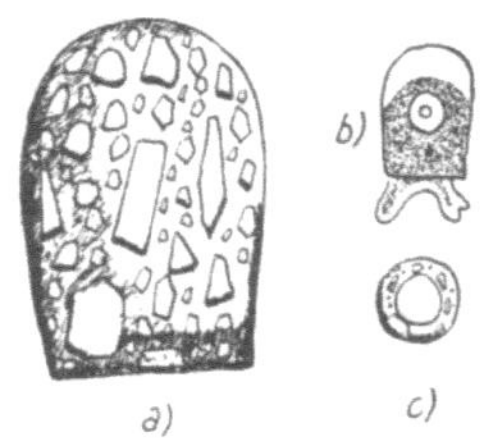

Abb. 4. *Difflugia stechlinensis* nov. spec.
a) Seitenansicht; b) Querschnitt durch ein lebendes Tier; c) Vorderansicht

Höhe μ	Breite μ	Pseudostom-durchmesser μ
28,8	24,4	10
30,0	25,0	10
48,0	36,0	15
34,0	24,0	12
33,6	24,0	12
36,0	24,0	12
44,0	29,0	14
37,0	22,0	12
29,0	22,0	10
44,0	39,0	12

Die Schalenform weicht erheblich von *D. pulex* ab. Diese ist birnenförmig oder, wenn die Seiten der Schale gerade sind, so verengen sie sich immer zum Pseudostom hin (var. *cuneata* PLAYFAIR 1918). *D. stechlinensis* dagegen hat immer parallel verlaufende Schalenseiten.

Die Schale ist hyalin. Sie ist bedeckt mit kleinen Quarzkörnchen, welche die Schale lückenhaft bedecken. Um das Pseudostom herum befinden sich niemals kranzförmig angeordnete Steinchen oder Schuppen. Das Pseudostom ist stets rund.

Protoplasma: Das Protoplasma füllt nicht den gesamten Schalenraum aus. Der Kern ist rund und besitzt einen zentralen Nukleolus. Es wurde nur eine kontraktile Vakuole beobachtet. Lobopodien.

Fundort: Die Art kommt regelmäßig im Profundal des Großen Stechlinsees vor. Auch hierin unterscheidet sie sich ökologisch von *D. pulex*, mit der sie sicherlich verwandt ist. *D. pulex* lebt in dem gleichen Gewässer ausschließlich im Aufwuchs submerser Pflanzen.

Difflugia mica (FRENZEL) PENARD var. *anulata* nov. var. (Abb. 5)

Schale: Die Schalenform ist annähernd kugelig, nur wenig gestreckt und der Stammart sehr ähnlich. Die Varietät unterscheidet sich von der Stammart durch den Besitz eines wulstartigen Kragens um das Pseudostom. Der Kragen ist bei einigen Individuen schwach ausgebildet und zeigt somit Übergänge zur Stammart. Die Schalenbedeckung besteht aus locker angeordneten unregelmäßigen kleinen Schuppen und größeren Quarzkörnchen. Das Pseudostom ist nicht von regelmäßig angeordneten Idiosomen oder Xenosomen umgeben. Die Farbe der Schale ist dunkelbraun.

Höhe μ	Breite μ	Pseudostom-durchmesser μ
40,8	33,6	16
40,0	34,0	20
50,0	36,0	22

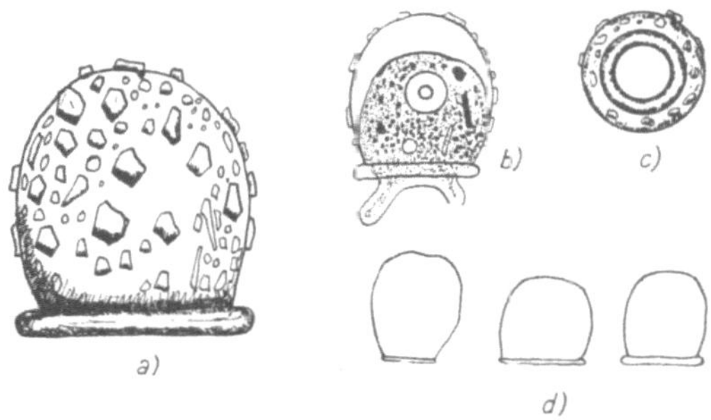

Abb. 5. *Difflugia mica* (Frenzel) Penard var. *anulata* nov. var.

a) Seitenansicht; b) Querschnitt durch ein lebendes Tier; c) Vorderansicht; d) verschiedene Ausbildungen des Kragens.

Das Pseudostom ist rund. Je kräftiger der Kragenwulst ausgebildet ist, um so größer ist der Durchmesser des Pseudostoms. Da *D. mica* var. *anulata* Übergänge zu der Stammart zeigt, ist sie nicht identisch mit *D. olliformis* Lagerheim und *D. subaequalis* Penard, mit denen sie gewisse Ähnlichkeit hat.

Protoplasma: Es füllt die Schale nicht aus. Der Kern besitzt einen kompakten Nukleolus. Kontraktile Vakuolen wurden nicht beobachtet. Lobopodien.

Fundort: Vereinzelt in den *Chara*-Beständen des Großen Stechlinsees. *D. mica* ist die Charakterart der Mikrofauna im Charetum.

Centropyxis ecornis (Ehrenberg) Leidy var. *quadripannosa* (Abb. 6)

Schale: Der Schalenumriß ist annähernd kreisförmig. Das Pseudostom liegt stets schwach exzentrisch; es tritt konstant vierlappig auf. Die Schale ist deutlich zum Pseudostom hin abgeplattet. Die Pseudostomröhre ist durch vier gegabelte Verstrebungen am gegenüberliegenden Schalenteil befestigt. Die Schale ist immer dornenlos. Sie ist regelmäßig und grob punktiert. Die Farbe der Schale ist dunkelbraun. Der größte Teil der gefundenen Exemplare war xenosomenfrei, nur einige besaßen vereinzelt Quarzkörnchen.

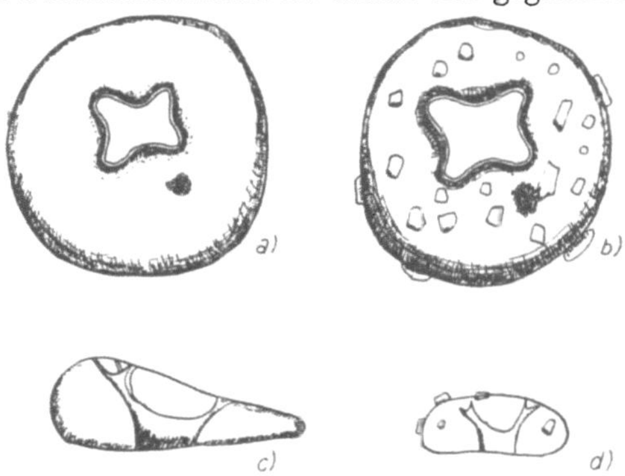

Abb. 6. *Centropyxis ecornis* (Ehrenberg) Leidy var. *quadripannosa* nov. var.
a) und b) Vorderansicht; c) Seitenansicht; d) Hinteransicht.

Höhe μ	Durchmesser μ	Pseudostom-durchmesser μ
37	125	30
38	133	32
38	140	50
37	140	48

Die Schale ist sehr dick und völlig undurchsichtig. Sie stimmt mit Ausnahme des Xenosomenbelags mit der von LEIDY (1879) T. 30 Fig. 28, 29 abgebildeten Form überein. Auch DEFLANDRE (1929) läßt diese Form, ohne sie mit einem neuen Namen zu belegen, bei *C. ecornis*. Ebenfalls hebt THOMAS (1957), welcher die Varietäten von *C. ecornis* einer näheren Betrachtung unterzog, diese Form nicht hervor. Man könnte sie nach diesem Autor zur Stammart rechnen, die nach ihm folgendermaßen gekennzeichnet ist: Schalenumriß rund bis oval; das Pseudostom ist regelmäßig rund, elliptisch, unregelmäßig bis lappig geformt.

Diese Varietät weicht aber in so charakteristischen Merkmalen von den übrigen *C. ecornis*-Formen ab, daß es berechtigt ist, sie systematisch zu kennzeichnen. Die Maße der hier dargestellten Tiere gleichen denen von LEIDY für diese Formen (um 125 μ). Nach den heute noch gültigen Maßen, wie sie DEFLANDRE angibt, gelten für *C. ecornis* 191 bis 244 μ Länge und 185 bis 234 μ Breite. Auch größenmäßig fällt die Varietät aus dem Bereich, wie er auch von THOMAS angegeben wird, der übrigen *C. ecornis*-Formen heraus. Ich habe die Form mit Konstanz der Merkmale in großer Anzahl festgestellt, ohne jemals die typische *C. ecornis* oder andere Varietäten gefunden zu haben. Daher fasse ich sie als eine konstante Varietät von *C. ecornis* auf und ziehe die LEIDYschen Individuen mit vierlappigem Pseudostom und den angegebenen Maßen in die Variteät *quadripannosa* ein. Ein Unterschied besteht insofern, als die von LEIDY abgebildeten Tiere lückenlos mit Steinchen besetzt sind, während die hier gefundenen nur vereinzelt Quarzkörnchen besaßen. Jedoch möchte ich dem Xenosomenbelag in diesem Falle keinen systematischen Wert zuschreiben. Ferner rechne ich zu der var. *quadripannosa* die von ŠTĚPÁNEK (1952) und von RAMPI (1950) abgebildeten Tiere hinzu.

Eine ähnliche Art, wie die hier dargestellte, beschrieb GROSPIETSCH (1954) als *C. lapponica* aus Moosen aus Schwedisch-Lappland. Durch persönliche Aussprache mit Herrn Dr. GROSPIETSCH und durch Vergleich der Präparate ergab sich, daß *C. lapponica* eine selbständige Art ist. Sie unterscheidet sich in folgenden Merkmalen von der *C. ecornis* var. *quadripannosa*: Die Schale ist weniger stark abgeflacht, das Pseudostom hat in der Mehrzahl der Fälle eine zentrale Lage. Die Schalenfarbe ist hellbraun und sehr fein punktiert. Die Schale selbst ist dünn und daher ziemlich durchsichtig. Als Xenosomen sind bisher nur Diatomeenschalen bekannt.

Protoplasma: Der Kern besitzt sehr viele Nukleolen. Nur eine kontraktile Vakuole wurde beobachtet. Pseudopodien konnten nicht untersucht werden.

Fundort: Großer Stechlinsee an *Stratiotes*-, *Myriophyllum*- und *Typha*-Aufwuchs. Zweimal im Sphagnetum eines kleinen Waldmoores (Teufelssee in der weiteren Umgebung des Stechlinsees; pH 5,2).

Cyclopyxis grospietschi nov. spec. (Abb. 7)

Schale: Die Schale ist halbkugelig, hyalin, mit einem ventral gelegenen Pseudostom.

Diese Merkmale berechtigen zur Einreihung in die Gattung *Cyclopyxis.* Als Xenosomen dienen Quarzkörnchen, welche die Schale schütter bedecken. Das Pseudostom ist vierlappig und von kleinen Steinchen dichtgedrängt umgeben.

Höhe μ	Durchmesser μ	Pseudostom-durchmesser μ
80	125	30
80	123	28

Das Pseudostom ist nur schwach in die Schale einbezogen. Auf dem Schalenrücken befinden sich keine größeren Quarzkörnchen.

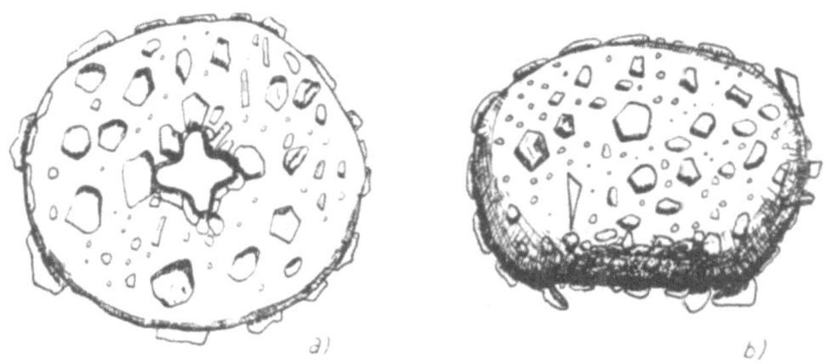

Abb. 7. *Cyclopyxis grospietschi* nov. spec.
a) Vorderansicht; b) Seitenansicht.

Die Art ist sicherlich der *Cyclopyxis stellata* Wailes nah verwandt, welche aber wesentlich größer ist (335 bis 400 μ Durchmesser) und ein relativ größeres Pseudostom besitzt.

Protoplasma: Nicht beobachtet.

Fundort: Die Art wurde dreimal im Profundal des Dagowsees gefunden (jedoch nur zweimal gemessen). Der Dagowsee ist ein eutrophes Gewässer, pH 7,2; keine Sphagnen am Ufer.

Euglypha acanthophora Ehrenberg var. *dorsalis* nov. var. (Abb. 8)

Schale: Die Schale ist bilateral symmetrisch, indem eine Seite völlig eben, die andere Seite stark gewölbt ist. Auf der gewölbten Seite befinden sich stets zwei Stacheln, welche symmetrisch angeordnet sind. Beim Kriechen bilden Schale und Substrat einen spitzen Winkel. Das Pseudostom ist rund und wird nicht ventralwärts verschoben, sondern liegt terminal.

Höhe μ	Breite μ	Pseudostom-durchmesser μ
57	33	8
57	32	8
58	31	8

Die Schuppen sind länglich-oval, die Mündungsschuppen stark gezähnelt. Die Schalenmaße liegen etwas unter dem Mittel der Stammform (60 μ).

Diese Varietät trat in zwei verschiedenen Populationen im Großen Stechlinsee auf. In jeder Population (im Aufwuchs von *Typha*) wurden 10 bis 15 Individuen festgestellt, so daß angenommen werden muß, daß die dargestellten Merkmale erblich sind und keine zufälligen Anomalien darstellen, welche durch exogenen

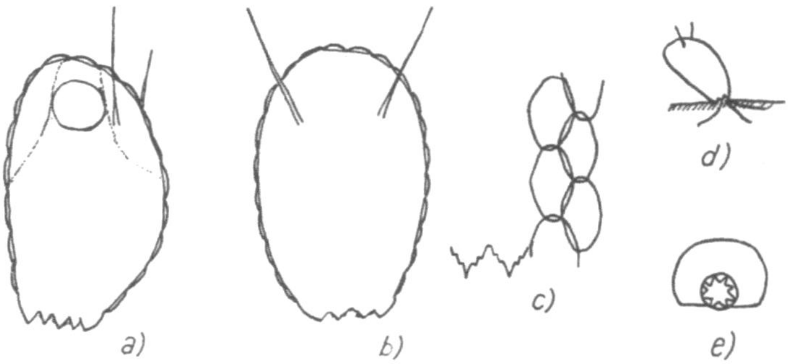

Abb. 8. *Euglypha acanthophora* EHRENBERG var. *dorsalis* nov. var.
a) Seitenansicht; b) Aufsicht; c) Schuppen; d) Kriechhaltung; e) Vorderansicht.

Einfluß auf die Teilung hervorgerufen werden können. Diese Varietät kann als Modell der Entstehung bilateraler Genera der *Euglyphidae* angesehen werden. Protoplasma: Wie bei der Stammart.

Fundort: *Typha*-Aufwuchs im Großen Stechlinsee.

Zusammenfassung

Aus dem Großen Stechlinsee im nördlichen Brandenburg und einigen benachbarten Gewässern werden beschrieben:

Zwei neue Arten:

Difflugia stechlinensis nov. spec.,
Cyclopyxis grospietschi nov. spec.

Sechs neue Varietäten:

Arcella hemisphaeria PERTY var. *angulata* nov. var.,
Arcella catinus PENARD f. *undulata* nov. f.,
Difflugia rubescens PENARD var. *brevicollis* nov. var.,
Difflugia mica (FRENZEL) PENARD var. *anulata* nov. var.,
Centropyxis ecornis (EHRENBERG) LEIDY var. *quadripannosa* nov. var.,
Euglypha acanthophora EHRENBERG var. *dorsalis* nov. var.

Literatur

CHARDEZ, D., 1956: Variations morphologiques et teratologiques chez quelques Rhizopodes testacés. Biol. Jaarb. Dodonaea **23**, 265—276.

DEFLANDRE, G., 1928: Le genre *Arcella* Ehrenberg. Arch. Protistenkde. **64**, 152—287.

— 1929: Le genre *Centropyxis* Stein. Arch. Protistenkde. **67**, 323—374.

GROSPIETSCH, TH., 1954: Studien über die Rhizopodenfauna von Schwedisch-Lappland. Arch. Hydrobiol. **49**, 546—580.

JUNG, W., 1936: Thekamöben ursprünglicher lebender deutscher Hochmoore. Abh. Landesmus. Westf. **7**, 1—87.

LEIDY, J., 1879: Fresh-Water Rhizopods of North America. Rept. Unit. Staat. Geol. Surv. **12**, 324 S.

OYE, P. VAN, 1933: Rhizopodes du district subalpin de la Belgique. Arch. Naturgesch. Abt. B., N. F. **2**, 538—573.

PLAYFAIR, G. J., 1918: Rhizopods of Sydney and Lismore. Proc. Linn.Soc. N. S. WALES **42**, 633—675.

RAMPI, L., 1950: Su alcuni laghetti alpini del massiccio dell'Abisso. Boll. di Pesca, Pisc. e Idrobiol. **5**,1 —20.

ŠTĚPÁNEK, M., 1952: Testacea of the pond of Hrádek at Kunratice (Prague). Acta Mus. Nat. Prague **8**, B. Zoologia, 1955.

THOMAS, R., 1957: *Cetropyxis ecornis* (Ehr.) Leidy et ses variétés. Bull. Soc. Zool. France **82**, 259—263.

Anschrift des Verfassers:

Dr. rer. nat. WILFRIED SCHÖNBORN
Jena-Lobeda, Alte Landstraße 3

Bei Fragen zur Produktsicherheit wenden Sie sich bitte an:
If you have any questions regarding product safety,
please contact:

Walter de Gruyter GmbH
Genthiner Straße 13
10785 Berlin
productsafety@degruyterbrill.com